KB135546

새의 번식

NIE Eco Guide 04

새의 번식

발행일 2018년 11월 15일 초판 1쇄 발행

지은이 김창회
발행인 박용목
책임편집 유연봉 | **편집** 천광일
편집진행·디자인 GeoBook
사진 김창회, 연합뉴스, 강종현, 거창군, 임병훈, 성순경, 최순규, 황영심,
alamy, gettyimages, iStock, wikimedia
발행처 국립생태원 출판부 | **신고번호** 제458-2015-000002호(2015년 7월 17일)
주소 충남 서천군 마서면 금강로 1210 / www.nie.re.kr
문의 Tel. 041-950-5998 / press@nie.re.kr

© 김창회, 국립생태원 National Institute of Ecology, 2018

ISBN 979-11-88154-89-0 94400
ISBN 979-11-86197-51-6(세트)

- 국립생태원 출판부 발행 도서는 기본적으로 「국어기본법」에 따른 국립국어원 어문 규범을 준수합니다.
- 동식물 이름 중 표준국어대사전에 등재된 경우 해당 표기를 따랐으며, 우리말 표기가 정립되지 않은 해외 동식물명과 전문용어 등은 국립생태원 자체 기준에 의해 표기하였습니다.
- 고유어와 '과(科)'가 합성된 동식물 과명(科名)은 사이시옷을 불용하는 국립생태원 원칙에 따라 표기하였습니다.
- 두 개 이상의 단어로 구성된 전문용어는 표준국어대사전에 합성어로 등재된 경우에 한하여 붙여쓰기를 하였습니다.

- 이 책에 실린 글과 그림의 전부 또는 일부를 재사용하려면 반드시 저작권자와 국립생태원의 동의를 받아야 합니다.

NIE Eco Guide 04

Bird Breeding

새의 번식

김창회 지음

발간사

변화의 시작을 꿈꾸며...

국립생태원은 사람과 자연이 조화롭게 살아갈 수 있는 환경을 만들기 위해 생태에 대한 연구와 교육, 전시 기능을 담당하고 있는 국가기관입니다. 더불어 이런 일들이 국민들의 삶과 얼마나 밀접한 관계가 있는지, 얼마나 중요한 것인지를 널리 알리기 위해 노력하고 있습니다. 그 일환으로 영유아에서 성인에 이르는 다양한 대상층을 위한 맞춤형 콘텐츠를 개발하여 보급하는 일을 하고 있습니다.

으레 연구기관에서 생산하는 콘텐츠라 하면, 어려운 용어와 복잡한 데이터를 먼저 떠올리는 경우가 많습니다. 비록 해당 분야에서는 매우 의미 있는 연구 결과물일지라도 일반 국민이 그 내용을 온전히 이해하기란 결코 쉬운 일이 아닐 것입니다. 그러나 우리는 이미 다양한 분야의 연구자들이 대중적인 언어로 쉽게 풀어 쓴 전문 서적들을 베스트셀러 목록에서 심심치 않게 찾아볼 수 있습니다. 국민들에게 꼭 필요한 정보를 그들의 눈높이에 맞는 언어로 쉽게 표현하는 작업은 연구자가 늘 관심을 가져야 할 중요한 미덕입니다.

NIE Eco Guide 시리즈는 생태와 관련된 핵심 주제들을 누구나 쉽게 이해할 수 있도록 꾸민 일반인 대상의 생태교양총서입니다. 많은 사람들이 어렵고 복잡하게만 여겼던 생태와 환경을 좀 더 친근하게 느끼고 쉽게 이해하기를 바라는 마음으로 이 시리즈를 펴냅니다.

NIE Eco Guide 시리즈는 국립생태원이 수행하고 있는 연구와 정책 제안들이 왜 필요한지 자연스럽게 알 수 있는 좋은 기회가 될 것입니다. 여러분! 일부 전문가와 기관들의 노력만으로 우리 생태계를 지킬 수 없습니다. 국립생태원이 계속해서 대중친화적 콘텐츠를 만드는 것은, 더 많은 분들이 우리가 사는 생태계에 대해 알아가고 앎을 통해 행동에도 변화를 일으키기 위함입니다. 작은 행동일지라도 많은 사람들이 함께 움직일 때 이 생태계에 큰 변화를 가져올 거라 생각하며, 이 책이 여러분의 마음에 작은 파장을 일으키길 기대합니다.

국립생태원장 박 용 목

머리말

새의 번식행동에 숨겨진 새 본연의 모습

산과 들뿐만 아니라 도심 공원이나 정원에도 수많은 새들이 날아들고 지저귀지만 무심코 지나쳐 버리기 쉽다. 어쩌면 우리는 늘 새와 공존하고 있기에 익숙해졌는지도 모른다. 새는 개체 수가 많고 형태가 다양하며, 우리 주변에서 쉽게 관찰된다. 가끔 인간을 공격하더라도 해를 입히지는 않는다.

우리가 새에게 가장 크게 매력을 느끼는 점은 높은 하늘을 날아서 가고 싶은 곳 어디든 간다는 것이다. 하지만 새들의 생활을 깊숙이 들여다보면 우리가 놀랄 만한 불가사의한 행동을 하며 살아가고 있다. 조류뿐만 아니라 포유류, 양서류, 어류, 곤충류 등의 다양한 분류군에 속한 생물들이 자연 속에서 펼치는 행동은 인간 생활과 비슷한 면도 있지만, 인간 사회에서 통용되는 윤리적인 원칙을 벗어나 예상 밖의 결과를 빚는 부조화도 많이 나타난다. 필자는 멋지게 비상하거나 일상에서 흔히 만날 수 있는 새의 친근한 모습 뒤에 가려져 있는 새들의 아이러니한 행동을 보고 과연 새 본연의 모습은 무엇인지 알

고자 동물행동학 연구를 시작했다.

최근 들어 대학이나 연구기관을 중심으로 조류 연구가 활발해지고 있다. 기초 과학이나 환경 보전의 대상으로서 생물에 대한 사회적 관심이 높아졌기 때문이다. 대학에서 새를 연구하려는 학생들도 과거와 비교할 수 없을 정도로 많아졌고, 무작정 새가 좋아서 야외에서 새를 관찰하고 사진을 찍는 사진가들도 비약적으로 증가했다. 환경 영향 평가나 환경 컨설팅 회사에서 업무로써 조류를 조사·연구하는 사람부터 전문 기관에 소속되지 않은 아마추어 연구자에 이르기까지 그 어느 때보다 새에 대한 관심이 높아지고 있어 매우 다행한 일이라는 생각이 든다.

새를 비롯한 모든 동물은 무엇을 위하여 사는가? 한마디로 자신의 유전자를 많이 남기기 위함이다. 동물들은 이 목적을 달성하기 위하여 자연이라는 캠퍼스에서 한 세트의 행동 드라마를 연출한다. 동물행동의 레퍼토리는 협력, 돕기, 경쟁, 속임, 유혹, 혼인, 이혼, 혼외 교미, 살해 등이 서로 얽혀 있다. 이러한 행동은 개체가 먹이를 찾아 먹고 포식자에게 잡아먹히지 않기 위한 생존 전략에서 나타나기도 하고, 암컷과 수컷의 기본적인 차이에 의한 교미 행동이나 자식을 많이 남기기 위한 번식 전략에서 나타나기도 한다. 새의 번식에는 합리적으로 보이는 행동도 있지만, 이와 반대로 도리에 맞지 않는 것처럼 보이는 행동도 발견할 수 있다. 이 책에 등장하는 주인공은 주로 새이지만 다른 동물들도 약간 다루었다.

우리는 새가 되어 하늘을 마음껏 날고 싶은 꿈을 가져 본 적이 있고, 그들이 어떻게 살고 있는지 궁금해 하기도 한다. 새의 눈으로 보면 자연경관과 인간은 어떤 모습으로 보일까? 새들도 마음으로 사랑을 하고 질투를 할까? 우리는 그들의 마음을 알고 싶지만 어떤 생각을 품고 행동하는지 묻고 답할 길이 없었다. 그래서 우리는 연구를 통해서 그들의 행동을 이해하고자 한다.

이 책은 여러 종류의 새의 번식행동에 대한 매력과 중요성에 초점을 맞추었고, 동물행동에 대한 재미를 알리고 싶은 열망에서 시작되었다. 그리고 이제 막 행동생태학을 연구하려는 초심자에게는 자신의 연구 방향성이나 가능성을 이끌어 내도록 노력하였다. 독자들은 NIE Eco Guide 시리즈인 『새의 번식』을 읽고 새가 가진 놀라운 능력과 능란한 적응, 그리고 다양한 행동과 삶을 실감할 수 있을 것이다. 필자는 독자들이 이 책을 읽고 새의 번식에 대한 재미와 묘미를 느끼고 관심을 갖는다면 기쁘기 그지없을 것이다.

코끼리를 볼 때 너무 가까이 있으면 다리나 코밖에 보이지 않지만, 일정한 거리를 두면 전체 모습을 잘 볼 수 있다. 마찬가지로 너무 가까운 곳에서 보고 있는 것을 넓은 시야에서 볼 수 있게 원고를 펼쳐주시고 출판되도록 힘써 주신 국립생태원 생태지식문화부와 지오북에 진심으로 감사드린다.

2018년 11월 김 창 회

차례

3. 새의 혼인과 성생활

4. 새의 양육과 가족생활

©김창회

1
알면서도 모르는 새

새의 행동은 어떻게 진화했는가

노란 깃털을 뽐내며 꾀꼴꾀꼴 노래하는 꾀꼬리, 주걱처럼 생긴 부리로 물을 저으며 먹이를 찾는 저어새, 까맣고 긴 꽁지를 흔들며 집 주위를 배회하는 까치까지, 새는 대개 종류마다 다른 특징을 지니고 있기 때문에 쉽게 구분할 수 있다. 일반인들은 떼를 지어 나는 기러기나 논에서 먹이를 찾는 백로, 왜가리 같은 새를 보고 같은 종의 개체는 모두 똑같이 생겼고 똑같은 행동을 하리라고 짐작할 수도 있다. 그러나 우리 주변에서 흔히 만날 수 있는 참새도 한 마리 한 마리를 자세히 들여다보면 깃의 모양이나 색깔, 무늬 그리고 먹이를 먹는 행동, 생리 등에 조금씩 차이가 있다.

이러한 현상을 개체 간의 변이라고 한다. 변이는 자손에게 유전되

ⓒ김창회

그림 1-1. 날고 있는 두루미와 재두루미

기도 하는데, 이것은 새끼가 집단 내의 다른 개체보다 부모를 더 닮는 경향으로 나타난다. 그리고 생물은 다음 세대에서 번식에 참가할 수 있는 개체 수보다 더 많은 수를 생산하지만, 제한된 자원을 차지하기 위하여 개체 간에 경쟁이 일어나기 때문에 집단 내의 개체 수는 다소 일정하게 유지되는 경향이 있다. 이 경쟁의 결과로 어떤 특징을 가진 개체는 다른 개체보다 자손을 많이 남기거나 그들이 살고 있는 서식 환경에 잘 적응하여 생존하는 자연선택*이 이루어진다.

찰스 다윈의 진화론에서 '자연선택'이란 환경 속에서 어떤 동물의 특징이 얼마나 그 환경에 적합한가를 말하며, '적응'은 자연선택에 의하여 진화해 가는 변화를 의미한다. 동물의 눈은 보기 위하여, 발은 걷기 위하여, 날개는 날기 위하여, 그 밖의 다른 기관도 각각의 기능에 적합하게 디자인되어 왔다. 살아남기 위해 저마다 몸의 형태나 구조가 다른 종과 달라짐으로써 적응한 결과이다.

그럼 동물은 무엇을 위하여 살아가고 있을까? 동물이 살아가는 의미는 종족을 유지하기 위해서라고 답할 수 있다. 새의 수컷과 암컷이 만나 교미*를 하고 산란, 포란*, 육추*를 거쳐 새끼를 남기는 것을 보면, 다음 세대에도 그 다음 세대에도 종족을 유지하기 위해 노력하고 있다는 생각이 든다. 또한 이러한 동물들이 종의 번영을 위해 애쓰는 모습이나 행동에 때로는 감동을 받고 때로는 찬사를 보낸다.

그러나 동물의 생활에 대한 연구가 진행됨에 따라 동물행동학*이나 동물사회학*을 연구하는 학자들은 다른 생각을 하게 되었다. 수컷이 이전 수컷의 새끼를 죽이고 자신의 새끼를 남기려는 사자의 행동, 약한 새끼를 제물로 건강한 새끼를 남기려는 맹금류 어미의 행동, 상대를 속여서 암컷을 손에 넣으려는 원앙 수컷의 행동, 다른 수컷이 지키고 있는 암컷을 강간하는 청둥오리 수컷의 행동, 다른 암컷의 알을 꺼내 버리고 자신의 알을 대체하려는 찌르레기 암컷의 행동을 보며 이를 종족을 유지하기 위한 행동이라고 여길 수는 없다. 동물의 이러한 행동은 각자 자신의 새끼를 남기기 위한 행동일 뿐이지만, 인간의 관점에서 보기에는 비도덕적이다.

그림 1-2. 어미와 새끼가 함께 있는 딱새 둥지

동물의 행동을 이해하기 위한 하나의 방법은 '어떤 개체가 자신의 생존이나 번식 성공에 얼마나 도움이 되고 있는가?' 하는 물음에 답을 찾는 것이다. 앞에서 언급한 것처럼 예전에는 어떤 동물의 행동이 집단에 이익을 가져왔기 때문에 진화가 진행되었을 것이라고 추정한 적도 있었다. 그러나 최근에는 동물의 특정 행동의 결과로 집단이 이익을 얻었기 때문에 진화한 것이 아니라, 그 개체가 이익을 얻었기 때문에 진화한 것으로 여기게 되었다.

어떤 새의 집단이 먹이 자원을 모두 먹어 치우면 그 집단은 멸종되므로 종 내의 각 집단은 먹이의 소비 속도를 조절하여 적응하도록 진화했는가? 그래서 새들은 집단의 과밀화를 방지하기 위하여 1회에 태어나는 새끼 수를 줄이거나, 수년에 걸쳐서 새끼를 생산하거나, 번식을 시작하는 시기를 늦추는 행동을 하는가? 우리 인간은 이와 같은 의도를 가지고 인구를 제한하고 있기 때문에 매우 흥미롭게 들리겠지만, 새의 집단에서는 이런 일이 일어날 수 없다.

자원이 고갈되지 않는 장소에서 어떤 종의 각 쌍은 알을 4개씩만 낳고 이 경향은 유전된다고 가정해 보자. 어느 날 갑자기 알을 5개 낳는 돌연변이가 생겼다면 위에서 가정한 것처럼 부모와 새끼가 먹을 수 있는 충분한 자원이 있기 때문에 5개의 알을 낳는 유전자형의 빈도는 급속도로 증가할 것이다. 그렇다면 5개의 알을 낳는 새의 유전자형은 6개 또는 7개의 알을 낳는 새의 유전자형으로 바뀔 수 있을까? 그 답은 물론 "예"이다. 알을 많이 낳으면 낳을수록 그 개체는 자손을 많이 남길 수 있기 때문이다. 최종적으로 그 개체는 자신이 새끼를 돌볼 수 있는 수만큼 알의 수를 늘려 갈 것이다.

자연선택은 최적자*에게 유리하게 작용해 왔기 때문에 현재 자연계에서 관찰되는 한배산란수*는 가장 많은 새끼를 남길 수 있는 새의 알 수이다.

따라서 개체가 집단을 위하여 자진해서 산란 수를 제한하는 체제는 불안정하기 때문에 진화하지 않으며, 이기적인 개체의 행동을 중지시킬 수 없다. 그리고 자원이 부족한 장소에서도 자연선택에 의해

그림 1-3. 알이 여러 개 있는 흰뺨검둥오리 둥지

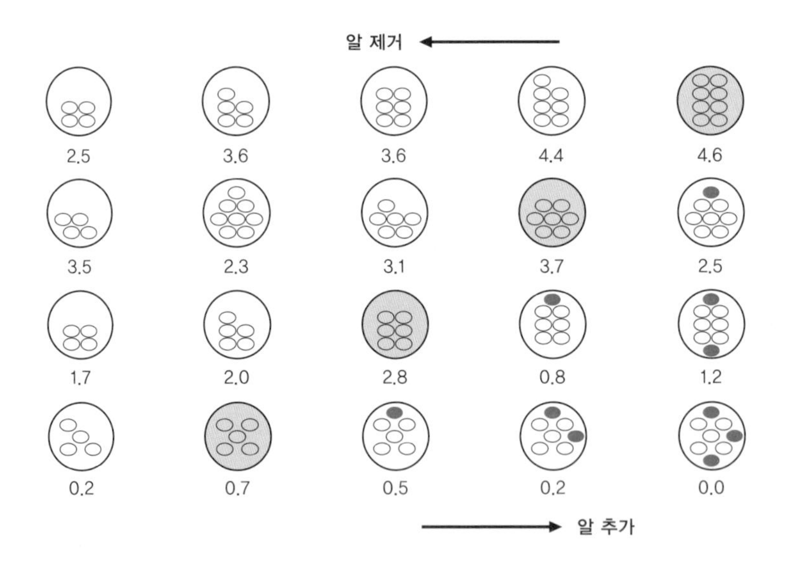

그림 1-4. 본래의 한배산란수(녹색 둥지의 알)에 알의 수를 제거 또는 추가했을 때(적색 알) 번식 성공도(아래의 숫자)는 본래의 한배산란수에서 가장 높다(Högstedt 1980에서 변경).

각 개체 자신이 최대의 이익을 얻을 수 있도록 한배산란수를 조절할 것이다. 자연선택은 미래 세대에 좋은 유전자를 전달하는 기회를 늘리는 개체를 좋아할 것이다. 개체는 자신에게 이익이 되도록 행동하지 종 또는 무리의 이익을 위하여 행동하지 않으며, 진화하는 동안에 어떤 개체가 선택되는지에 대한 행동 패턴은 생태적인 조건에 의해 결정된다.

다음 세대에 자신의 자손을 많이 남기기 위한 직접적인 전략은 번식 전략이라고 할 수 있다. 번식 전략의 기반은 그 개체의 생활이며, 개체가 생활을 잘하기 위한 생활사 전략이 필요하다. 동물의 생활에서 가장 중요한 것은 먹는 일이다. 충분한 먹이를 획득하지 못하면 동물은 성장하지도 성숙하지도 못한다. 수컷의 경우에는 성적으로 성숙했을지라도 제대로 성장하지 않으면 경쟁에서 이기지 못하고 좋은 세력권*을 확보할 수 없으며 암컷도 얻지 못한다. 이처럼 먹이의 획득 여부는 그 개체의 번식 성패뿐 아니라 삶 전체와 직접 연결된다. 번식에 성공하지 못한 개체는 적응도도 높지 않기 때문에 먹이 획득은 동물의 최대 관심사 중 하나이다.

먹이는 어떻게 찾을까? 먹이가 많은 장소에 있다면 문제가 없지만, 먹이가 많지 않은 장소에 있다면 어떻게 해야 할까? 즉, 그 자리에 진을 치고 먹이를 기다리는 것이 좋은가, 아니면 다른 장소로 이동하여 먹이를 찾는 것이 좋은가 하는 문제이다. 양쪽 모두 장단점이 있으므

ⓒ김창희

그림 1-5. 먹이를 잡고 있는 왜가리

ⓒ연합뉴스

그림 1-6. 먹이를 찾아 나선 흑기러기

로 어느 한쪽이 좋다고 단정하기는 어렵다. 풀을 먹는 흑기러기의 경우에는 또 다른 문제가 발생할 수 있다. 한번 먹어 치운 풀은 곧바로 다시 자라지 않기 때문에 풀이 다 생장할 때까지 다른 장소로 이동해야 한다. 다른 장소로 이동했다가 예전 장소로 다시 돌아왔을 때 다른 개체가 풀을 전부 먹어 치운 뒤라면 곤란하다. 그 장소에 세력권을 형성하여 방어하면 좋겠지만 풀이 다시 자랄 때까지 기다리는 것은 무모할지 모른다.

동물은 사는 동안 계속해서 이러한 문제에 직면한다. 충분한 먹이가 있는 장소를 찾았더라도 정신없이 먹이를 먹고 있을 때 포식자가 습격하여 잡아먹히면 자신도 새끼도 없게 된다. 그래서 한 마리 한 마리의 동물은 포식자로부터 자신을 지키기 위한 여러 가지 전략을 가지고 있다. 일반적으로 우리가 알고 있는 전략 중 하나는 무리를 짓는 것이다. 그리고 보호색*으로 포식자의 눈을 속이는 것도 있다. 빼꾸기는 맹금류와 유사한 외형을 가지고 있어 맹금류로부터 자신을 지킬 수 있다. 보호색을 가진 개체들은 이리저리 돌아다니면 보호 효과가 적어지므로, 포식자가 가까이 오더라도 움직이지 않고 가만히 있을 필요가 있다.

자연계에는 암수의 구분 없이 자손을 남기면서 현세에 생존하는 하등한 생물도 있지만, 새와 같은 고등동물은 대대로 암컷과 수컷이 서로 배우자를 잘 선택했기 때문에 오랫동안 살아남았다. 또한 후자

©김창회

그림 1-7. 고방오리 암수 한 쌍

의 유성생식은 전자의 무성생식보다 배우자 간의 다양한 유전자 조합을 만들어 내어 진화의 가능성을 높이는 장점이 있다.

유성생식은 암컷과 수컷이라는 두 가지 성 사이에서 일어나며, 감수분열에 의해서 생식세포가 형성되고 다른 두 성의 생식세포가 결합한 뒤 유전물질DNA이 혼합되어 일어난다. 암컷과 수컷이 유전물질을 혼합하려고 할 때 각각의 성은 생애에 자신의 유전자를 많이 남길 수 있는 최선의 방향으로 행동을 결정한다. 여기서 유전자는 자신이 직접 생산하는 친자뿐만 아니라 손자나 증손자들을 거쳐 대대로 전달되는 자신과 동일한 유전자까지 모두 포함한다.

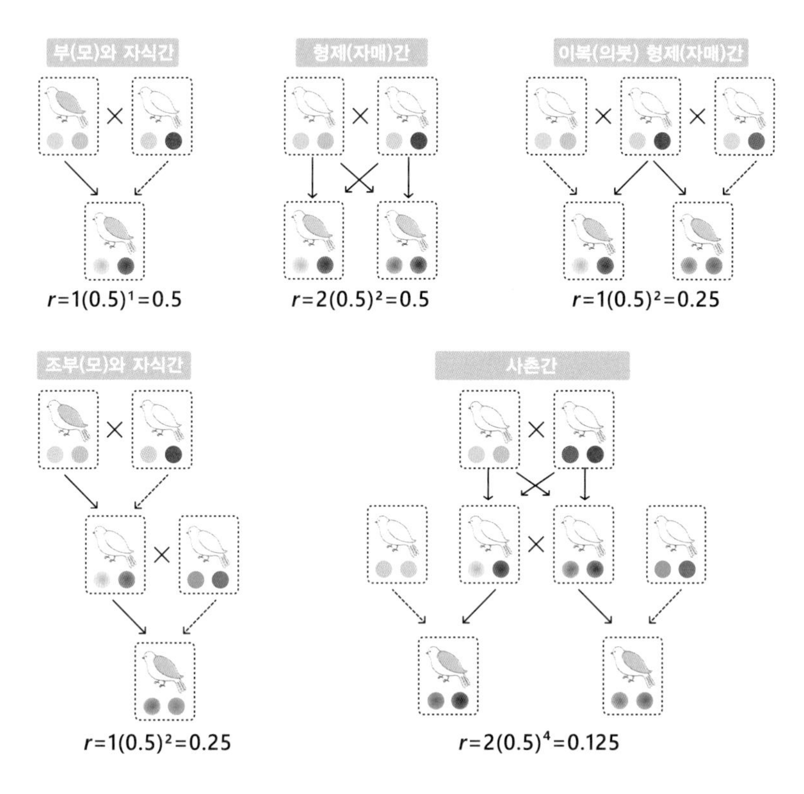

그림 1-8. 혈연도는 어떤 개체가 가지고 있는 유전자, 즉 동일한 선조로부터 물려받은 동일한 유전자를 다른 개체가 가지고 있을 확률이다. 실선 화살표로 연결된 세대들은 감수분열에 의하여 만들어진 개체이기 때문에 어떤 특정 유전자가 공유될 확률은 0.5이다. 푸른색 날개로 나타낸 특정 개체 간의 혈연도는 2개체가 L개의 화살표로 연결되어 있으면 그 확률은 $(0.5)^L$이 된다. 혈연도는 2개체 간에 연결된 모든 총 경로수를 합쳐서 계산한다{$(r = \Sigma(0.5)^L$}. 실선 화살표는 실제로 계산된 경로이며, 파선은 동일한 가계에서 다른 개체와의 관계이다(Hamilton 1964에서 변경).

어떤 개체가 가지고 있는 유전자는 동일한 선조로부터 물려받은 동일한 유전자를 다른 개체가 가지고 있을 확률과 연관되기 때문에, 자신과 동일한 유전자를 가진 새끼는 물론이고 직계가 아닌 개체들과도 공유할 수 있다. 개체는 자신의 혈연도*뿐만 아니라, 그 개체의 혈연자 적응도를 포함하는 '포괄 적응도'*를 최대로 하기 위한 방향으로 행동한다. 즉, 자신의 친자 외에도 손자, 조카 등의 모든 혈연자로부터 유전적인 이익을 얻는 것이다. 그래서 개체는 자신이 직접 새끼를 키우지 않고 형제자매, 조카 등의 혈연자를 도움으로써 자신의 유전자를 증가시킬 수 있다. 다시 말하면, 동생 또는 그 동생들로부터 태어난 새끼들이 잘 성장해서 번식해도 자신의 유전자는 증가된다.

이와 같이 동물은 생존이나 번식에서 유리한 개체가 살아남아 진화해 왔을 뿐만 아니라 자신의 유전자를 가능한 한 많이 남기기 위한 방향으로 행동하게 되었다. 새가 노래하고 먹이를 찾고 둥지를 틀고 짝짓기를 하고 알을 낳고 새끼를 기르는 모든 과정을 이와 같은 맥락에서 살펴본다면 새의 행동에 숨겨진 의미를 명확히 이해할 수 있을 것이다.

살아남기 위한 동물들의 행동

지구상에 생물이 탄생한 뒤로 약 38억 년이라는 시간이 흘렀고, 지금 존재하고 있는 수백만 종의 동물들은 각기 자신의 역사 속에서 진화하는 삶의 방식에 따라 살아가고 있다. 그들의 형태와 속성은 더욱 복잡해졌고, 여러 환경에 적응하면서도 운석의 충돌이나 빙하기 등의 시련을 거쳐서 진화해 왔다.

동일한 환경에서 살고 있더라도 각각의 동물은 나름대로 살기 좋은 환경에 적응하며 다양한 모습으로 살고, 각 분류군에 속한 종들의 생활 양식도 매우 다르다. 우리가 저마다 개성을 가지고 살아가는 것처럼 동물들도 종간뿐만 아니라 동일한 종 내에서도 개체 간의 차이가 나타난다. 그래서 어떤 행동을 하는 개체는 살아남았고, 어떤 행동을 하는 개체는 도태되었다.

수많은 동물들이 자손을 남기기 위해서 살아가지만, 구체적으로 어디서 무엇을 먹고 어떻게 배우자를 만나 자식을 양육하는지 들여다보면 동물의 행동은 놀랄 정도로 특이하고 다양하다. 동물은 식물처럼 태양에너지를 이용하여 무기물을 유기물로 만들어 양분을 얻지 않고 식물이나 동물성 먹이를 섭취한다. 어떤 동물은 식물을 먹고, 어떤 동물은 다른 동물을 잡아먹는다. 그리고 어떤 동물은 다른 동물의 배설물을 먹고, 어떤 동물은 사체에 모여 끼니를 해결한다.

우리는 목초지에서 유유히 풀을 뜯고 있는 소를 보면서 동물들이 먹이를 찾는 데 어려움을 겪지 않는다고 생각할 수 있다. 그러나 야생동물이 살고 있는 환경은 그다지 먹이가 풍부하지 않다. 다른 동물을 잡아먹는 포식자는 더욱 그렇다. 동물이 살고 있는 지역은 산림, 초원, 농경지, 바위, 모래, 갯벌 등으로 다양하지만, 그중에서 자신에게 적합한 먹이가 어디에 존재하는지를 어떻게든 확인해야 한다. 그리고 자신을 노리는 포식자가 있을 때 잡히지 않고 어떻게 먹이를 구해야 하는지 아는 것도 동물에게 매우 중요한 일이다.

우리가 송이버섯을 채취하러 가는 상황을 상상해 보자. 우선 송이버섯이 나는 시기를 알아야 하고 버섯이 자생할 만한 소나무 숲을 찾아야 한다. 그렇게 소나무 숲에 도착하면, 바닥에 떨어진 솔잎을 나무막대로 들춰가며 이리저리 돌아다닌다. 만일 한곳에서 송이버섯 하나를 찾으면 그 주변을 좀 더 샅샅이 뒤질 것이다.

동물들도 아마 이와 비슷한 방법으로 먹이를 찾을 것이다. 무당벌레는 이 나무 저 나무를 오르며 먹이를 탐색하다가 진딧물을 한 마리 발견하면, 여러 나무를 돌아다니면서 먹이를 탐색하는 일을 멈추고 그 나무를 집중적으로 탐색한다. 무당벌레는 진딧물이 종종 한곳에 집중적으로 패치*를 형성해서 분포하는 경향을 알기 때문이다.

동물이 패치에 들어와 먹이를 섭취하면서 얼마 동안이나 그 장소에 머물러야 하는지도 중요하다. 한 지역에서 계속 먹이를 먹어 치우면 먹이가 점점 줄어들기 때문이다. 처음 도착했을 때는 먹이가 가장 많았지만, 어느 정도 먹이를 소비한 시점에서는 다른 지역보다 먹이가 적을 수 있기 때문이다. 이때는 경제적인 측면에서 볼 때 다른 지역으로 이동하여 먹이를 찾는 것이 더 효율적이다.

어떤 환경에서는 먹이가 감소한 후에 곧 회복되는 경우도 있다. 하천 변에 사는 알락할미새는 이 점을 잘 이용한다. 이 새는 하천 변을 순회하면서 물에 떠내려오는 곤충을 찾아 먹는다. 먹이를 섭취한 장소는 일정한 시간이 지난 후에 다시 돌아오는 방법으로 먹이를 효율적으로 섭취한다.

두꺼비는 눈으로 먹이를 찾아 크기를 확인하고 이동 방향을 예측한 후, 혀를 내밀어 먹이를 잡는다. 주로 1cm 정도의 곤충을 잡아먹는데, 이보다 작거나 크면 먹이를 잡는 속도가 느려진다. 작으면 쉽

ⓒ김창회

그림 1-9. 물가에서 먹이를 잡는 알락할미새

게 잡을 수 있지만 양이 부족하고, 이보다 크면 양은 넉넉하지만 자신이 먹이를 잡을 수 있을지 없을지 판단이 서지 않기 때문이다. 꽃게도 고둥을 잡아먹을 때 작은 것 또는 큰 것보다 중간 크기의 고둥을 선호한다. 꽃게는 집게발로 고둥을 열어서 빼 먹는데, 애쓴 보람시간에 대한 에너지 효율 측면에서 중간 크기가 가장 효율이 높기 때문이다. 먹이 크기에 대한 박새의 선택 실험에서도 작은 먹이 또는 큰 먹이보다 중간 크기의 먹이를 더 많이 선택했다. 이렇게 동물은 자신이 취급하기 용이한 먹이를 선택하여 단위 시간당 에너지 획득 효율을 높인다.

우리는 주로 낮에 활동하는 동물을 주행성 동물, 밤에 활동하는 동물을 야행성 동물이라고 한다. 주행성 동물은 주로 시각에 의존해서 먹이를 발견하는 반면에, 야행성 동물은 시각 이외의 다른 감각기관을 이용한다.

야행성인 긴점박이올빼미는 컴컴한 밤에도 쥐가 움직이는 소리가 들리면 머리를 움직여 소리가 나는 방향으로 집중한다. 양쪽의 귀와 안면의 깃털 집음기는 비대칭적으로 위치하고 있어, 좌우의 귀에 도달하는 소리의 시간 차와 크기로 쥐의 위치를 정확하게 알아낸다. 그리고 밤에 활동하는 박쥐는 나방이 나는 소리에 반응하는 것이 아니라, 자신이 소리를 내고 그 소리의 반사를 이용하여 먹이를 잡는다.

ⓒ김창회

그림 1-10. 밤에 활동하는 긴점박이올빼미

박쥐가 내는 소리는 주파수 20~150kHz초음파로 사람이 들을 수 있는 최고 주파수 20kHz보다 2배 이상이나 높다. 초음파는 작은 먹이를 탐지하는 데 효과적이지만 약하고 멀리 도달하지 못하므로 박쥐가 먹이를 찾을 때 1초에 5회 정도, 먹이를 발견하고 잡기 직전까지는 1초에 100회 정도 초음파를 발사한다.

뱀도 어둠 속에서 포유류처럼 체온을 일정하게 유지하는 동물에서 나오는 적외선을 탐지하여 쥐를 잡는 경우가 있다. 눈과 코의 중간에는 적외선을 탐지하는 기관이 있다. 그 기관에는 신경섬유가 모여 있고 얇은 막이 있어서 적외선이 감지되면 열감을 느낀다. 0.001℃의 온도 변화를 식별할 수 있을 정도로 감도가 매우 높다. 뱀 중에는 냄새로 먹이를 정확하게 인지하는 종류도 있다.

독수리는 상공을 선회하다가 지상에서 썩은 사체 냄새를 맡고 내려앉는다. 수면 위에서 생활하는 소금쟁이는 수면에 낙하하는 먹이를 시각이나 파동을 이용하여 찾는다. 그 밖에 다리에 있는 화학물질 수용기로 먹이를 탐지하는 파리도 있고, 전기를 만들어 먹이를 탐지하고 잡는 전기뱀장어도 있다.

일반적으로 포식자는 먹이를 찾아 돌아다니다가 먹이를 발견하면 접근하거나 추적하여 먹이를 잡는다. 이러한 동물의 포식 전략은 속도와 민첩성이지만, 정확하게 상대를 파악하고 그것을 손에 넣기 위해서는 완벽하게 준비해야 한다. 참매는 상공을 날거나 횃대에 앉아

ⓒ김창회

그림 1-11. 상공을 선회하는 독수리

있다가 꿩이나 오리 등의 먹이를 발견하면 곧바로 급강하하여 날카로운 발톱으로 제압한다. 지상에서 가장 빠르다고 알려진 치타는 가젤을 잡기 위해 전속력으로 질주하고, 사자는 여러 마리가 합동하여 자신보다 몇 배나 큰 들소와 누를 잡는다.

상대의 움직임을 이용하는 포식자도 있다. 자신은 상대에게 발견되지 않게 잠복해 있다가 먹이가 옆으로 지나가면 급습한다. 이러한 포식자는 대부분 배경과 비슷한 모양이나 색깔을 가지고 있다. 광어와 가자미는 눈과 입만 남기고 모래 속에 숨어 있다가 눈앞에 먹이가 지나가면 급습한다. 사마귀도 몸 색깔과 비슷한 초본 사이에 앉아서

ⓒ김창회

그림 1-12. 발톱으로 먹이를 제압하는 참매 유조

먹이를 기다린다. 먹잇감이 사정거리에 들어오면, 2개의 복안複眼으로 먹이를 응시하면서 자신의 머리를 그 방향으로 정확하게 일치시키고, 복부에 움츠리고 있던 가시 달린 앞다리를 빠르게 뻗어서 먹이를 낚아챈다.

모래사장 근처의 숲에 가면 모래에 파 놓은 깔때기 모양의 구멍을 볼 수 있다. 이 구멍은 명주잠자리의 애벌레인 개미귀신이 먹이를 잡기 위해 파 놓은 함정이다. 개미가 이 함정에 빠지면 밖으로 나오려고 발버둥 쳐도 모래 속으로 묻히게 된다. 또한 모든 거미가 거미줄을 만들지는 않지만, 대부분은 둥근 형태의 그물을 쳐 놓고 먹잇감이 걸리기를 기다린다. 거미는 그물의 중심부 또는 가장자리에서 기다리다가 먹이가 걸리면 진동으로 감지하고 빠르게 접근하여 점액성의 실을 내어 먹이를 둥글게 말아 버린다. 여섯뿔가시거미는 파리의 날갯짓 소리를 감지하면 둥근 점액을 만들어 거미줄 끝부분에 던지거나 회전시켜서 먹이를 잡는다.

물가에 사는 새들도 먹이를 잡으려고 특별한 노력을 한다. 해오라기는 수면에 작은 나뭇가지나 이와 비슷한 물체를 떨어뜨리고, 중대백로는 물고기가 그늘에 모이는 습성을 이용하여 날개를 펼쳐서 그늘을 만든 뒤 물고기가 오기를 기다린다.

동물은 살기 위해서 먹어야 하지만, 이와 동시에 포식자에게 먹히

ⓒ김창희

그림 1-13. 날개를 펼쳐서 그늘을 만드는 중대백로

지도 말아야 한다. 이를 위해 대부분 동물의 생존 전략은 도망치고 숨고 속이는 방향으로 진화해 왔다.

소형 조류가 밭이나 들에서 먹이를 먹고 있을 때 맹금류로부터 습격을 받으면 주변의 덤불이나 숲으로 도망친다. 포식자를 피하기 위해 나무 구멍이나 바위틈에 숨거나 눈에 띄지 않는 색깔이나 모양으로 배경과 조화시키는 보호색을 띠는 방법도 있다. 또한 포식자가 싫어하는 맛이나 냄새를 가진 동물도 있다. 이들은 보호색과 반대로 눈에 잘 띄는 색깔을 띠어서 자신이 맛이 없다는 점이 잘 드러나게 하는데 이를 경고색*이라고 한다.

자연의 배경은 계절에 따라 다르며 다양하고 복잡한 패턴이 많다. 그러나 카멜레온이나 청개구리는 이동한 곳의 배경에 맞추어 단시간에 몸의 색깔을 변화시킨다. 자벌레는 나비목 자나방과 곤충의 유충으로 몸 중간 부분에 다리가 없기 때문에 이동할 때는 몸의 앞부분을 쭉 뻗은 후 뒷부분을 당겨 마치 자로 재는 것처럼 움직인다. 이 유충은 나뭇가지나 잎줄기를 닮아서 새와 같은 포식자로부터 자신을 보호한다. 알락해오라기는 마른 갈대숲에 앉아서 부리와 고개를 쳐들고 정지하고 있다. 움직이지 않고 정지하고 있으면 몸 전체가 갈대와 잘 어우러져 탐조하는 사람들도 찾기가 어렵다.

살아남은 동물에게 다음 과제는 좋은 배우자를 만나 자손을 남기는 일이다. 동물들도 호감을 느끼는 배우자를 찾는다. 사람은 남녀가 서로 마음이 맞아야 혼인이 성사되지만, 동물은 일반적으로 암컷이 수컷을 선택한다. 그렇다면 암컷이 수컷을 선택하는 기준은 무엇일까? 그것은 재산세력권 내의 먹이 자원, 은신처, 둥지 장소 등, 경쟁력, 외모, 다산 등 다양하다. 교미 전에 수컷이 암컷에게 구애 선물*을 주는 종도 있다.

배우자가 선택되면 수컷의 정자와 암컷의 난자가 만나는 교미 단계로 이어진다. 어류나 양서류는 대부분 난자와 정자를 체외에 방출하여 수정시키고체외수정, 조류나 포유류는 정자를 암컷의 체내에 직접 전달하여 난자를 수정시킨다체내수정. 이처럼 성숙한 개체는 부모로부터 독립해서 배우자를 만나고 혼인을 하고 자식을 낳는다.

동물들도 우리처럼 가족생활과 사회생활을 한다. 금실이 좋거나 사이가 좋지 않은 부부도 있고, 새끼를 먹이며 기르기 위해 최선을 다하고 자식에게 강한 애착을 나타낸다. 자주 만나는 동료들과 함께 서로 정보를 공유하며 친하게 지내거나 가족을 위해 밥그릇이나 좋은 터를 차지하기 위해서 심하게 싸우기도 한다.

새들도 먹고살기 위한 터가 중요하다

새는 종에 따라 해안, 호수, 하천, 논, 갈대밭 등의 습지와 활엽수림, 침엽수림, 혼효림 등의 산림과 같은 다양한 환경에서 서식하고 있다. 갈대밭에 서식하는 개개비가 산림에서 관찰되는 일은 거의 없고, 산림에서 서식하는 동고비가 하천에서 관찰되는 일 또한 거의 없다. 하지만 한 종이 반드시 한 종류의 서식지에서 생활하는 것은 아니다. 많은 종들이 번식기와 비번식기 동안 서식 환경을 달리하며 각 기간에도 여러 서식 환경을 이용한다. 그리고 동일한 지역일지라도 각각의 종이 이용하는 위치가 다르다. 예를 들면, 호숫가와 같은 서식지에서도 새들은 그 주변의 전봇대와 전깃줄, 호숫가 갈대밭의 윗부분과 아랫부분, 호수의 얕은 곳과 깊은 곳, 농경지와 논둑, 제방, 모래톱, 상공 등을 제각기 이용한다.

새는 어떤 단일 환경보다는 해안과 숲, 바닷물과 민물이 만나는 하구, 숲과 들, 교목과 관목, 호수와 갈대밭, 숲과 논처럼 두 가지 이상의 환경이 복합된 지역에서 다양한 종이 관찰된다. 호수, 연못, 하천이라는 단일 환경에서도 각각의 넓이와 수심이 다르고 물속에는 수중식물이, 물가에는 수변식물이 있어서 세부적으로 복합성을 띠면 다양한 종을 볼 수 있다. 산에는 주로 활엽수림, 침엽수림, 활엽수와 침엽수의 혼효림, 초지가 넓게 분포하고, 어린나무에서 노령화된 나무까지 다양한 수령의 나무들이 자라며, 계곡도 있다. 산 또한 복합적인 환경이 조성된 곳이며 다양한 종이 서식한다.

서식 환경에 따라 새는 크게 물새류와 산새류로 나뉜다. 일반적으로 수면과 수변에서 사는 새를 통틀어 물새류라고 한다. 물새류는 발에 달린 물갈퀴로 헤엄쳐 다니는 수금류, 그리고 긴 다리로 수심이 얕은 물 위를 걷거나 주로 물가에서 생활하는 섭금류*로 다시 나뉜다. 바다에서 사는 새는 별도로 해조류라고 부른다. 한편 산새류는 주로 산림에서 생활하는 새를 말하는데 일반적으로 들에서 사는 새까지 포함하여 통칭한다. 산을 중심으로 사는 새일지라도 들을 공유하며 생활하고, 들을 중심으로 사는 새도 산을 공유하며 살아가기 때문이다. 새의 서식 환경은 그 종의 먹이가 무엇인지와 밀접한 관계가 있다.

그림 1-14-1. 수금류인 흰뺨검둥오리

그림 1-14-2. 섭금류인 장다리물떼새

©김창회

그림 1-14-3. 해조류인 괭이갈매기

©김창회

그림 1-14-4. 산새류인 노랑턱멧새

새는 먹이가 동물성인가, 식물성인가에 따라 육식성 조류, 초식성 조류, 잡식성 조류로 나뉜다. 새의 몸에서 부리와 다리, 발 등의 형태는 채식의 습성과 관련이 있는데, 올빼미류와 매류는 척추동물을 잡아먹기에 좋은 형태를 하고 있다. 대부분이 식충성인 참새목의 새들 또한 곤충과 작은 절지동물을 잡아먹는 데 유리한 형태를 하고 있다. 동박새의 부리를 보면 끝이 가늘고 뾰족한데, 이는 과실의 즙이나 꽃의 꿀을 빨아 먹고 나무 속의 곤충도 꺼내 잡아먹기에 적합하게 발달한 것이라고 볼 수 있다.

새의 채식 행위는 일반적으로 먹이 탐색, 먹이 획득, 먹이 운반, 먹이 조리가공, 먹이 저장, 먹이 삼키기의 과정으로 이루어진다. 우리나라 남부 지방의 상록수림이나 활엽수림에서 번식하는 동박새는 무리로 이동하며 먹이를 탐색하는데, 꽃이나 과실이 달린 식물을 찾아내려고 넓은 지역을 다닌다. 독수리도 사체나 썩은 먹이를 얻기 위해 넓은 지역을 탐색한다. 말똥가리와 황조롱이 또한 설치류나 작은 새를 사냥하기 위해 넓은 지역을 탐색하며, 전봇대처럼 조망하기 좋은 높은 곳에 앉아서 먹잇감을 기다린다. 그러고는 먹잇감이 눈에 띄면 공중에서 발톱을 바깥쪽으로 뻗치며 아래에 있는 먹이를 낚아챈다. 왜가리, 검은댕기해오라기, 쇠백로 등도 먹이를 잡기 위해 물가에서 기다리며, 딱새와 때까치도 먹이가 나타나기를 기다리다가 포획한다.

흰배지빠귀와 들꿩은 발로 낙엽을 뒤지며 씨앗이나 곤충, 지렁이

©김창회

그림 1-15. 높은 곳에 앉은 황조롱이

를 찾아낸다. 부리가 긴 후투티는 땅속을 탐색하면서 지렁이나 땅강아지를 잡아먹는다. 도요새류는 갯벌이나 모래 속에 긴 부리를 넣고 촉각으로 먹이를 탐색하다가 먹이를 물면 끄집어낸다. 딱따구리류는 먹이가 있는 나무에 직접 구멍을 뚫거나 나무껍질을 떼어 내 긴 혀를 내밀면서 유충을 잡아먹는다. 황로는 논갈이나 써레질을 할 때 나오는 미꾸라지, 땅강아지 등의 먹이를 잡기 위해 농기계를 따라다니기도 하고, 목장의 초원에서 소를 따라다니면서 소에 기생하는 외부 기생충을 잡아먹거나 곤충이 튀어나오면 잡아먹는다.

저어새는 물속에 부리를 벌린 채 담그고는 좌우로 움직이다가 부

©김창회

그림 1-16. 나무에 구멍을 뚫는 쇠딱따구리

©연합뉴스

그림 1-17. 땅속에서 사는 먹이를 잡아먹는 후투티

그림 1-18. 부리로 물고기를 낚아채는 저어새

리 안쪽에 물고기가 닿는 즉시 부리를 다물어 물고기를 낚아챈다. 일부 오리류는 넓적한 부리를 수면과 평행하게 놓고 부유물을 건져 먹는다. 검은머리물떼새는 뾰족한 부리를 입 벌린 조개의 틈에 집어넣고 껍데기를 닫게 하는 힘살을 잘라 낸 뒤 속살을 꺼내 먹으며, 조개를 잡아 바위틈에 끼워 넣고 껍데기를 망치질하듯이 두드려 깨어서 속살을 빼 먹기도 한다. 쇠백로는 날개를 넓게 펼쳐 그늘을 만들거나 발을 물속에 담가 휘저으면서 물고기를 유인한다.

씨를 먹는 새들 대부분은 씨를 혀 위에 놓고 부리를 움직여 그 껍질을 벗겨서 먹으며, 곤줄박이는 나뭇가지에 앉아 씨를 발톱으로 잡

©연합뉴스

그림 1-19. 조개의 속살을 꺼내 먹는 검은머리물떼새

©김창회

그림 1-20. 도토리를 묻거나 찾는 곤줄박이

고 부리로 내리쳐서 깨뜨려 먹는다. 물총새는 나뭇가지에 앉아 있다가 물속에 다이빙하여 부리로 물고기를 잡은 뒤 나뭇가지에 때려서 물렁하게 한 후 삼키며, 뻐꾸기도 모충을 부리로 물고서 나뭇가지에 때린 뒤 삼키거나 모충의 뾰족한 털 또는 독성 분비물을 털어 내고 삼킨다. 고둥이나 견과류를 먹는 어떤 새들은 높이 날아올라 바위에 떨어뜨려 단단한 껍데기를 깨서 먹는다. 심지어 차량이 다니는 도로 위에 껍데기가 단단한 먹이를 올려놓고 바퀴에 부서지기를 기다리는 종도 있다. 한편 일부 맹금류는 살아 있는 먹이를 통째로 삼킨다.

대부분의 종은 먹이를 획득한 장소에서 먹는다. 하지만 때까치는 메뚜기나 개구리를 잡아 나뭇가지에 걸어 놓는 행동을 한다. 그리고 어치는 도토리를 땅속이나 나무 밑에 숨겨 저장해 놓고 찾아 먹는데, 이때 먹이를 전부 찾아 먹지 못하면 방치된 도토리에서 싹이 나 참나무로 자란다. 어치가 식물을 분산시키는 역할을 하는 셈이다.

새들은 어디로 왜 떠나가는가

새의 이주는 외부 자극 및 내부 동기에 의해서 유발된다. 다시 말해, 밤낮의 길이 변화와 기온 변화가 체내 호르몬의 분비를 변화시키고 이러한 자극이 새의 이주를 일으킨다. 이때 이주의 양상은 다음과 같이 나타난다.

첫째, 일반적으로 생존 유지를 위해 공간적 이주가 일어난다. 기존의 서식지에서 물이나 먹이가 부족해짐에 따라 결핍을 해소하기 위해, 그리고 포식자로부터 도망하거나 피난처를 찾기 위해, 한편으로 채식지*먹이 제공 장소와 잠자리 사이를 오가기 위해 이주를 한다. 생존과 직결되는 이러한 이주는 대부분의 개체군에서 보편적으로 일어난다.

둘째, 분산*을 위해 이주가 일어난다. 분산은 출생 후의 분산과 번식을 위한 분산으로 나뉜다. 유조는 태어난 곳을 벗어나 생존과 번식에 유리한 장소를 찾아가며, 가장 적합한 시기에 가장 적합한 장소를 정하여 둥지를 틀고 번식을 한다. 한편 성조는 일정 지역에서 겨울을 나거나 무리로 생활하다가 쌍으로 번식에 유리한 지역으로 이동하며, 번식에 실패할 경우 단독 또는 쌍의 형태로 기존의 번식지를 떠나 다른 지역으로 이동하여 번식한다. 이와 같이 분산을 위해 이주하는 개체는 자기가 선호하는 지리적 특성을 지닌 장소와 서식지를 개발하여 살아가다가, 그 장소에 먹이가 풍부할 때는 번식을 하고 먹이가 부족하거나 위험이 있을 때는 또다른 장소로 이동한다.

셋째, 같은 종 또는 다른 종의 침입에 따른 개체군의 밀도 증가를 벗어나기 위해 이주가 일어난다. 이러한 침입 이주는 2~3년 간격으로 불규칙하게 나타나며, 먹이 자원이 부족하거나 위험한 국면에 처하거나 개체군의 밀도가 갑자기 높아졌을 때 발생한다. 예를 들어 식물의 씨앗을 먹는 새는 나무의 열매 생산량이 감소하여 먹이가 부족해지면 먼 곳까지 이동한다. 하나의 환경은 시간이 지남에 따라 유용한 자원이 감소하고 서식지의 적합성도 변하기 때문에 새는 현재 살고 있는 지역보다 더 좋은 곳을 찾아가려고 한다. 자연선택은 지금의 서식지보다 더 살기 좋은 장소로 이주했을 때 유리하게 작용한다. 다시 말해, 지금의 서식지에서 누리는 이익이 치러야 하는 비용보다 클 때는 그대로 머물고, 비용이 이익보다 클 때는 더 적합한 다른 장소를 찾아 떠난다.

마지막으로, 연중 기후 변화의 주기에 따른 먹이 자원의 변동에 대응하기 위하여 이주가 일어난다. 여름철새, 겨울철새 및 통과조나그네새의 이주가 이에 해당한다. 가족이 이주할 때는 어미가 무리를 이끄는 리더 역할을 하지만, 큰 개체군이 떼 지어 이주할 때는 특별히 정해진 리더는 없다. 예를 들어 수십 마리의 기러기류가 이주할 때, 이주 경험이 있는 개체들이 리더가 되어 체력을 안배하면서 교대로 제 역할을 한다.

계절적 이주를 하는 새들은 생리적·생물적 환경의 시공간 변화에 적응되어 있다. 그리고 이주할 때 소모되는 비용을 줄이고 손실을 최소화하려는 전략을 가지고 있다. 예컨대, 활공하지 않는 새가 이주할 때는 평소보다 많은 에너지가 필요하므로 이주 전에 미리 지방을 많이 비축해 둔다. 1일 대사에 필요한 섭취량보다 더 많이 먹이를 섭취하여 피하지방 형태로 에너지를 저장하는 것이다.

체내에서 이주에 적용되는 생리 기작*이 작동하면 새는 이주를 시작한다. 한편 비나 바람이 강할 때는 이주를 중단하며, 지방 비축량이 적거나 고갈되었을 때는 적합한 장소에 기착하여 지방을 보충할 때까지 수일간 머무른다. 지방은 어떤 연료 공급원보다 높은 산화 에너지를 지니고 있다. 철새는 이동할 때 지방의 무게를 감당해야 하기에

그림 1-21. 이동하는 기러기

일반적으로 이주 코스의 특정 구간에 필요한 양만큼 지방을 비축한다. 비교적 짧은 거리를 이주하는 새는 자기 체중보다 20~25%가 더 나갈 만큼, 장거리로 이주하는 새는 자기 체중보다 50% 이상 나갈 만큼 지방을 축적한다. 예를 들어, 지빠귀류나 솔새류는 비행 기간 중 지방 소모로 인한 체중 감소의 비율이 시간당 0.7%이고, 오리류나 기러기류, 고니류는 시간당 1.5%이다. 새의 몸무게와 비축한 지방의 무게를 알면 연료를 다 쓸 때까지 새가 날아갈 수 있는 시간을 계산할 수 있다.

일반적으로 '철새'는 매년 정해진 장소를 왕복하는 새들을 일컫는다. 우리나라는 계절의 변화가 뚜렷하기 때문에 여름에는 여름철새가, 겨울에는 겨울철새가 도래한다. 따라서 여름에는 겨울철새를, 겨울에는 여름철새를 거의 관찰할 수 없다. 우리가 겨울철에 제비를 못 보고 여름철에 쇠기러기를 못 보는 이유가 그것이다.

그런데 여름철새라고 알려진 종일지라도 소수의 개체가 월동지에 돌아가지 않거나, 겨울철새로 알려진 종이라도 소수의 개체가 번식지에 돌아가지 않아 연중 국내에서 관찰되기도 한다. 그리고 텃새라 할지라도 국내의 위도 범위 내에서 남북으로 이동을 하는 종이 있고, 통과조라 하더라도 매우 불규칙하게 도래하는 종도 있다. 우리나라의 새를 정주 및 이주의 특성에 따라 텃새, 여름철새, 겨울철새, 통과조로 구분하지만 사실 명확한 구분이 쉽지 않다. 일부의 종은 이동 여부가 명확하여 텃새든 철새든 통과조든 어느 하나로 확실히 분류할 수 있지만, 그렇지 않은 종은 '여름철새 또는 텃새', '겨울철새 또는 텃새' 식으로 이중적인 분류를 한다.

우리나라의 여름철새는 봄에 도래하여 여름에 걸쳐 번식한 뒤 가을에 필리핀, 말레이시아, 태국 등지로 떠나간다. 주변에서 쉽게 접할 수 있는 여름철새로 중대백로, 쇠물닭, 뻐꾸기, 제비, 파랑새, 개개비 등이 있다. 왜가리, 중대백로, 쇠백로, 해오라기와 같은 백로과 새들은 여름철새이지만, 일부의 개체들은 떠나가지 않고 우리나라에 남아 겨울을 난다. 쇠물닭도 여름철에 많은 개체가 도래하여 작은 저수

©연합뉴스

그림 1-22. 여름철새인 파랑새

©김창회

그림 1-23. 여름철새인 쇠물닭

지나 연못에서 번식을 하지만, 겨울철에도 소수의 개체가 관찰된다.

한편 시베리아에서 번식한 댕기물떼새, 쑥새, 청둥오리, 쇠기러기, 재두루미, 독수리 등의 겨울철새가 가을이 되면 우리나라에 도래하여 겨울을 보내고 늦겨울 또는 초봄에 다시 시베리아로 돌아간다. 청둥오리나 흰뺨검둥오리는 겨울철에 수만 마리가 호수, 저수지, 하천에 도래하여 월동하지만, 일부 개체는 계속 남아 여름철에 번식한 후 하천에서 새끼를 데리고 무리 지어 다니기도 한다.

중국, 몽골, 러시아 등지에서 번식하고 여름을 동남아시아나 호주에서 보내기 위해 이동할 때, 그리고 다시 번식지로 돌아갈 때 우리나라에 잠시 머무는 새를 통과조라고 한다. 우리나라에서 관찰되는 통과조로 꼬까도요, 마도요, 청다리도요, 뒷부리도요, 붉은어깨도요 같은 도요류와 노랑딱새, 노랑눈썹멧새 같은 산새류가 있다. 도요류는 대부분 서해안의 갯벌에서 관찰되며, 산새류도 해안가나 도서 지방에서 많이 관찰되고 있다.

연중 동일한 지역에서 서식하는 새를 텃새라고 하는데, 이들 중 먼 거리는 아니어도 번식지와 월동지를 달리하여 이동하는 새도 있다. 우리나라의 텃새는 곤줄박이, 멧비둘기, 딱새, 붉은머리오목눈이, 참새, 까치가 있다. 멧비둘기나 붉은머리오목눈이는 계절 간 이동 거리가 비교적 짧지만, 딱새는 중부에서 남부로 이동할 만큼 이동 거리가 길다.

ⓒ김창회

그림 1-24. 겨울철새인 재두루미

ⓒ김창회

그림 1-25. 통과조인 청다리도요

©김창회

그림 1-26. 텃새인 멧비둘기

새가 이주하는 것은 궁극적으로 먹이 자원, 피난처, 둥지 틀 장소, 종 내 또는 종간 경쟁*과 관련이 있다. 열대를 제외한 다른 지방에서는 기후와 기상 요인이 서식지의 자원 유용성과 적합성을 변화시키기 때문에 새들이 계절에 따라 이주한다. 한편 새는 자신의 둥지에 다시 돌아오려는 귀소 본능*이 있는데, 이는 방향성, 그리고 자기가 태어나 자란 번식지에 대한 애착에서 비롯된 강한 본능으로 볼 수 있다.

부르면 특별해지는 새의 이름

전 세계에는 약 1만 종의 새가 살고 있으며, 그중에 우리나라에서 기록된 새는 527종이 된다. 이들 중에는 일생을 한곳에서만 보내는 새가 있는가 하면, 어느 곳으로 여름철이나 겨울철에 찾아들어 일정 기간 머물다가 다른 곳으로 떠나는 새도 있다. 그리고 아주 짧은 기간에 해안, 해양, 상공, 산림, 도서 지방을 통과하는 새도 있다.

지금까지 우리나라에 찾아온 새를 기록한 조류 목록에는 과거에 관찰되었거나 채집된 종도 있고, 수년 또는 수십 년에 한번씩 태풍의 여파를 받거나 길을 잃은 까닭으로 유입된 희귀종도 있다. 우리나라의 조류 목록은 대부분 표본, 사진 등 물적 근거에 입각하여 작성된 것이지만, 단지 관찰했다는 사실 기록만으로 작성된 경우도 있다. 다른 나라들 또한 이와 같은 자료를 토대로 자국의 조류 목록을 작성하고 있다. 이때 새의 이름은 국제적으로 통일된 학명을 쓰며, 각 나라별로는 자국 내 혼동을 막기 위하여 국가기관 또는 관련 학회에서 정립한 명칭을 쓴다. 우리나라는 국립생물자원관과 한국조류학회에서 정립한 명칭을 쓰고 있다.

우리나라에서 새의 이름은 대부분 1930년대 이후에 정립되었다. 주로 노랫소리*, 생김새, 서식지, 식성이나 행동 습성, 처음 발견한 사람의 이름, 의미를 알 수 없는 국내외 이름 또는 외국 이름의 국문 번역에서 유래한 명칭이다. 휘파람새는 관목림에서 "호호오오-" 하는 소리를 내고, 개개비는 갈대밭에서 "개-개-개-개-" 하는 소리를 낸다. 그리고 딱새는 나뭇가지나 전깃줄에 앉아 "딱-딱-" 하는 소리를, 소쩍새는 야산에서 "소쩍-소쩍-" 하는 소리를 낸다. 모두 노랫소리에서 유래된 이름이 붙여진 새이다. 파랑새는 몸 전체가 금속광택을 띤 파란색이고, 오목눈이는 눈이 오목하게 들어간 모양이며, 노랑부리백로는 부리가 노란색이고, 넓적부리는 다른 종보다 부리가 넓적하다. 이들은 몸의 생김새에서 유래한 이름으로 불리는 새들이다.

멧새는 서식지가 산이라는 점에서 이름이 유래했는데, 이름자를 이루는 '메'는 산을 의미하는 접두사이다. 물에서 살아가는 새들의 이름에는 '물'이 많이 붙는다. 물까마귀, 물수리, 물닭 등이 그 예이다. 물까마귀는 계곡의 물속에서 먹이를 찾고, 물수리는 강이나 바다

©김창회

그림 1-27. 노랫소리에서 이름이 유래된 딱새

©김창회

그림 1-28. 생김새에서 이름이 유래된 노랑부리백로

그림 1-29. 서식지에서 이름이 유래된 멧새

에서 물고기를 사냥하며, 물닭은 호수나 저수지에서 수초 또는 저서성 대형무척추동물을 먹고 산다.

벌매와 개미잡이는 식성에서 이름이 비롯된 새로, 벌매는 벌집을 습격하여 애벌레를 잡아먹으며, 개미잡이는 고사목이나 땅속에 사는 개미를 긴 혀로 잡아먹는다. 행동의 습성에서 이름이 유래한 대표적인 새는 물총새와 나무발발이이다. 물총새는 마치 물총처럼 잽싸게 물속으로 다이빙하여 순식간에 물고기를 잡는 명수이고, 나무발발이는 나무를 여기저기 자유자재로 타고 다닌다.

그리고 외국 이름을 쓰는 새들이 있다. 예를 들어 알바트로스는 의

그림 1-30. 습성에서 이름이 유래된 물총새

미를 알 수 없는 외국 이름을 발음 그대로 사용하고, 중대백로나 바다제비는 외국 이름을 우리말로 번역해 사용하고 있다. 스윈호오목눈이와 헨다손매는 처음 발견한 사람의 이름을 따와서 명칭을 붙인 새이다.

그 밖에 예로부터 불리고 있으나 어떤 연유로 지어졌는지 알 수 없는 이름을 쓰는 새들이 있다. 올빼미, 해오라기, 갈매기, 매가 그 예이다. 한편 기존의 이름이 적합하지 않아서 최근에 개명하게 된 새들도 있다. 예를 들어 삼광조는 긴꼬리딱새로, 적호갈매기는 고대갈매기로, 큰재개구마리는 재때까치로 이름이 바뀌었다.

©연합뉴스

그림 1-31. 삼광조에서 개명을 한 긴꼬리딱새

같은 새를 가리켜 지방에 따라 다르게, 그리고 남한과 북한이 다르게 부르기도 한다. 붉은머리오목눈이는 '뱁새'라고도 불리며, 또 북한에서는 '부비새'라고 일컫는다. 겨울철에 우리나라로 수십만 마리가 찾아오는 가창오리는 '태극오리'라고도 하며, 북한에서는 '반달오리'라고 한다. 그 밖에 논병아리는 과거에 '농병아리'로 불렸다. 목의 회백색 겨울깃이 여름철 번식기에 마치 농고름 같은 황갈색으로 변해서 농병아리로 불리게 되었다. 현재는 논병아리로 불리며, 이름에 '논'이 있어서 논이 서식지인 줄 오해하기 쉬운데 주로 호수나 연못에서 살아간다.

ⓒ김창회

그림 1-32. 여름깃이 달린 논병아리

지금까지 살펴본 바와 같이 다양한 모양새만큼이나 동물들의 행동도 저마다 기발하고 개성 넘친다. 특히 하늘을 날고 알을 품고 노랫소리를 지저귀는 새들은 그들만의 독특한 생활 방식과 전략이 있기 마련이다. 인간의 본성과 닮은 듯하면서도 우리의 상식을 벗어난 행동을 하기도 하지만 자세히 들여다보면 그들의 행동에는 다 그럴 만한 사연과 곡절이 반드시 숨어 있다. 대체 새들에게 어떤 속사정이 있는 것인지 하나하나 따져볼 차례이다.

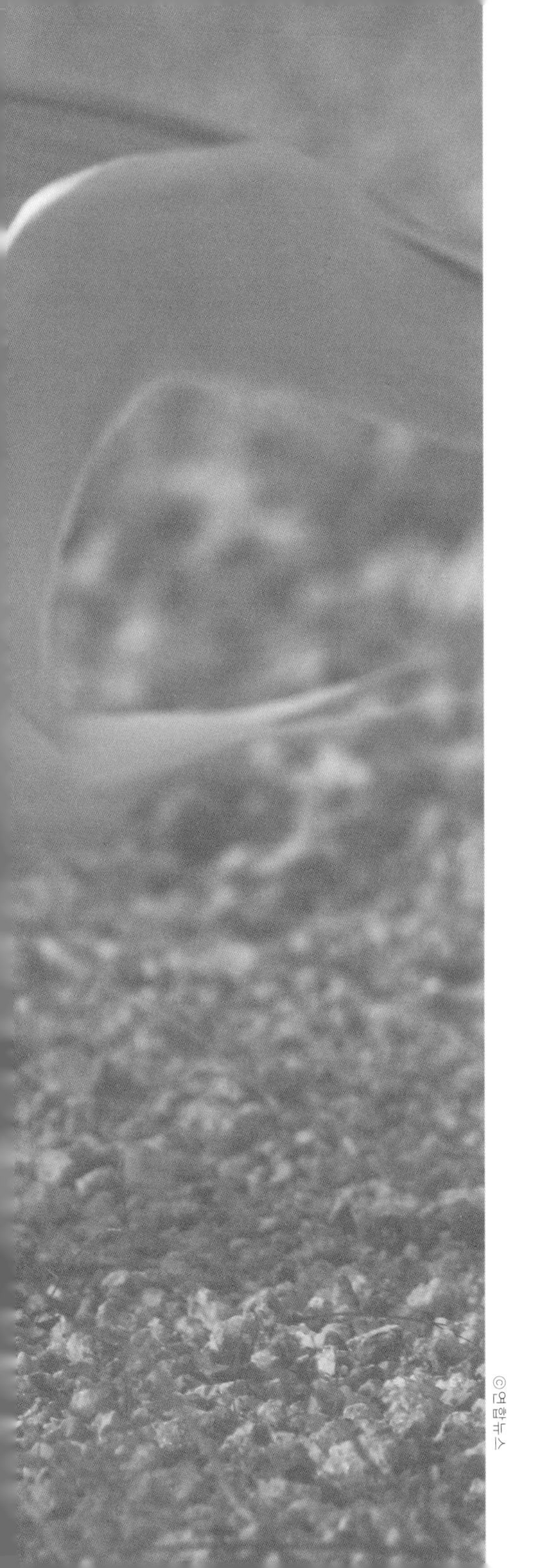

©연합뉴스

2

새의 생활사 전략

새들은 왜 지저귀는가

새가 내는 울음소리*나 노랫소리는 종에 따라 다르기 때문에 동종의 새들끼리만 소리의 신호를 서로 인식할 수 있다. 특히 수컷이 내는 노랫소리는 약간의 변이가 있기는 하지만 일생 동안 동일하기 때문에 노랫소리로 동정되는 개체도 많다. 박새 수컷에게 동종의 수컷이 내는 노랫소리를 녹음해 반복적으로 들려주는 실험을 해 보면 처음에 적극적으로 반응하다가 차차 잠잠해지며, 반대로 다른 종의 수컷이 내는 노랫소리를 들려주면 동종에 비해 더 적극적으로 반응한다. 이는 곧 소리로써 다른 개체가 동종의 이웃인지, 새로운 침입자인지를 인식하고 분별한다는 것을 의미한다.

새가 고유의 울음소리나 노랫소리를 내는 것은 크게 두 가지 목적

©김창희

그림 2-1. 박새 수컷

에서 비롯된다고 보인다. 첫째, 번식기에 수컷이 자신의 세력권을 만들기 위해서 울음소리를 낸다. 이때 자신이 방어하는 지역 내에서 소리가 가장 멀리까지 전달될 수 있는 곳에 앉아 소리를 낸다. 어떤 수컷 새의 세력권 내에서 스피커로 동종 수컷의 녹음된 울음소리를 틀어 놓는 실험을 해 보면, 세력권의 주인인 수컷 새는 즉시 주위를 경계하며 공격 태세를 갖춘다. 대부분의 종에서 수컷이 경계하거나 싸울 때 내는 울음소리는 세력권 확립 시기에 가장 크고 빈번하게 나타난다.

둘째, 번식기에 수컷이 동종의 암컷을 성적으로 자극하고 유혹하기 위해서 노랫소리를 낸다. 노랫소리는 암컷이나 다른 수컷에게 평가 대상이 되고, 자신의 번식 전략을 극대화하는 요인으로 작용하기 때문에 매우 중요하다. 레퍼토리가 많은 개체는 적은 개체보다 암컷을 유인하는 시간이 적게 걸리고 번식 성공도 또한 높다. 대표적인 예가 참새목의 명금류*이다. 한편 세력권 내에 암컷이 들어와 정착하여 교미가 이루어지면 수컷은 노랫소리를 거의 내지 않는다. 그러다가 둥지를 틀거나 알을 낳고 품을 때 노랫소리를 가끔 내며, 부화한 새끼를 키우는 동안에는 다시 노랫소리를 줄이거나 멈춘다. 1년에 2회 번식하는 종은 첫 번째 번식이 끝난 후 노랫소리를 회복한다.

대부분의 종에서 수컷은 노랫소리를 낼 때 세력권 내에 자기 모습이 눈에 잘 띄는 위치, 예컨대 키 큰 나무의 꼭대기나 전봇대 또는 전깃줄에 앉아서 한다. 이렇게 수컷이 앉아 노래하는 자리인 홰는 한 개체당 한 개 이상이며 선호하는 홰를 자주 이용한다. 나무나 높은 시설물이 없는 개활지에서 사는 종의 수컷은 눈에 잘 띄도록 공중에서 노랫소리를 낸다. 예를 들어 멧도요류는 나선형으로 하늘을 날아오르면서 날개로 휘파람 소리를 내며, 급상승 중에는 힘찬 소리를 내다가 지그재그로 하강한다.

새의 소리가 복잡하게 발달한 예는 바로 참새목의 명금류이다. 이들의 유조는 성조의 소리를 듣고 배운다. 부화한 새끼의 첫해는 대부분의 학습이 이루어지는 가장 민감한 시기이다. 유조는 부화 후 수개

그림 2-2. 울음소리로 세력권을 주장하고 있는 멧새

그림 2-3. 덩굴줄기에 앉아 노래하는 휘파람새

월 동안 성조의 소리를 기억하며 이듬해 봄에 그 소리를 실제로 따라 하기 시작한다. 유조가 내는 소리는 성조에 비해서 나지막하고 산만하여 구조적으로 미흡하다. 그러나 초기 1년 동안 연습을 거듭하고 나면 성조의 소리와 비슷한 수준에 이른다.

새의 소리가 발달하는 과정에서 가장 중요한 단계는 듣는 것이다. 즉 다른 새의 소리를 듣는 것, 아울러 자기 머릿속에 저장된 성조의 소리를 따라 하며 익히는 자신의 소리를 듣는 것이 중요하다. 이러한 음성적 학습은 주로 참새목의 명금류에서 잘 이루어지며, 학습 능력이 있는 앵무새류에서도 잘된다.

반면에 소리를 습득하지 않는 새들도 있다. 어떤 종은 성조나 다른 새가 내는 소리를 들을 기회가 없었음에도 불구하고 정상적인 울음소리나 노랫소리를 완벽하게 구사한다. 귀머거리인 가금과 비둘기가 대표적인 예이다. 이들의 소리는 명금류에 비해서 변형이 적으며, 유전적 영향을 더 많이 받는 것으로 보인다. 만일 명금류에게 소리를 들을 기회를 주지 않는다면 심각할 정도로 복잡한 발성을 하고 야생에서 듣던 것과는 전혀 다른 소리를 낼 것이다.

사람이 지역 방언을 쓰듯이 새들도 사는 곳에 따라 다른 소리를 낸다. 명금류의 동일한 종에서 서로 이웃하고 있는 수컷 간의 소리는 유사하지만, 멀리 떨어져 있는 수컷과는 소리가 매우 상이하다. 이와 같은 지역별 소리의 차이, 이를테면 새들의 지역 방언은 유조의 분산을 저지할 수 있다. 즉, 유조가 분산되기 전에 자신이 태어난 곳에서 소리를 배웠다면 그곳에서 소리를 내면서 번식해야 한다. 그러나 유조가 다른 지역으로 분산한 후 그곳에 살고 있는 수컷들과 유사한 소리로 바꾼다면 분산한 지역에서 번식하는 데 아무런 문제가 없을 것이다. 어린 수컷이 부모의 세력권을 떠나 다른 지역으로 분산하는 현상은 여러 종에서 나타나는데, 이를 통해 많은 새들이 어릴 때 다른 소리를 배울 수 있다는 사실을 알 수 있다.

새의 소리는 신호 전달에서 서식지의 지형, 식생 구조, 기상 조건, 그리고 다른 종이 내는 소리의 영향을 받는다. 같은 지역에 사는 동종의 새일지라도 산림에 사는 새와 초원에 사는 새는 소리가 다를 수

ⓒ김창회

그림 2-4. 숲의 나뭇가지에 앉아 있는 큰유리새 수컷

있는데, 산림의 새는 초원의 새에 비해 저음이고 순음이 많으며 주파수 범위가 좁다. 일반적으로 산림에서 사는 새의 소리는 "피피-" 하는 낮은 순음이 많고, 초원에서 사는 새는 "쥬루루루-" 하는 떨리는 음이 많다.

새의 발성은 가능한 한 멀리까지 소리가 들리게끔 일어나는데, 서식지의 환경에 따라 음의 감퇴와 변질이 일어난다. 산림에서 주파수가 높은 음은 나뭇가지나 나뭇잎과 같은 장애물, 기류의 난반사, 공기 점성의 방해로 인해서 감퇴한다. 산림에서 음의 감퇴가 최소화되는 주파수는 약 2kHz이며, 이 주파수는 그보다 높은 음 또는 낮은 음에 비해서 멀리까지 도달한다. 음의 변이는 나뭇가지나 나뭇잎과 같은 물체에 반사되거나 바람 또는 기류에 의해 음의 진폭이 불규칙하게 변함으로써 일어난다. 이러한 변이는 저음보다 고음에서 잘 일어난다.

넓게 트인 초원에서 사는 새의 소리는 순음의 반복이 빠르고 최고 주파수가 높으며 주파수의 범위가 넓다. 초원에서는 바람이나 국소적인 기류의 산란에 의해 음이 변질되는데, 이때 띄엄띄엄 들리거나 다른 음으로 왜곡되어 들린다. 음이 띄엄띄엄 들리는 경우에 새는 신호 전달에 지장이 없도록 소리를 빠르게 반복하여 낸다. 그리고 바람이나 기류로 인해 음의 진폭이 불규칙하게 변하는 현상을 극복하기 위해 빠르게 떨리는 소리를 낸다.

새의 소리가 가능한 한 멀리까지 들리는 것이 좋지만은 않다. 동종의 개체에게 자신의 위치를 알리는 신호 전달 수단인 소리가 도리어 포식자를 유인하는 위험을 초래할 수 있기 때문이다. 그래서 어떤 새는 포식자에게 자신의 위치를 들키지 않을 만큼 작은 경계음을 내기도 한다.

같은 종의 새일지라도 지리적으로 멀리 떨어져서 살아가면 소리의 변이가 크게 발생하고 개체 간의 유전적 차이도 커지는 경향이 있다. 이러한 지리적 변이는 음성적 학습을 하지 않는 종에서 더욱 많이 나타난다. 앞에서 참새목의 명금류가 유조 때 성조의 소리를 배운다는 예를 살펴보았지만, 사실 대부분의 종은 소리 내는 방식을 학습이 아니라 유전으로 갖게 된다.

그러면 새는 하루 중 언제 소리를 낼까? 대부분의 새들이 광량에

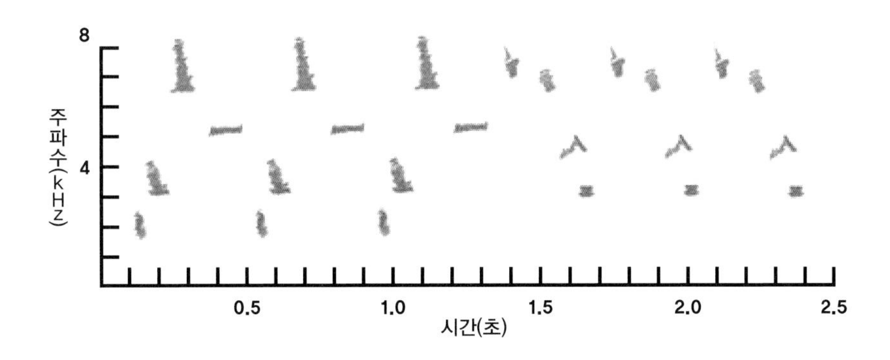

그림 2-5. 새의 노랫소리를 소나그램 형태로 기재

따라서 소리를 다르게 내는데, 주행성 조류는 주로 햇볕이 강하지 않은 이른 아침과 늦은 저녁에 울음소리나 노랫소리를 낸다. 낮 시간대에 상당한 시간 동안 소리를 내는 종도 있고, 주로 초저녁이나 새벽에 소리를 내는 종도 있다. 어떤 종은 달빛이 비치는 밤중에 소리를 내며, 조명이 밝은 지역에 사는 새는 밤새도록 소리를 낼 때도 있다. 주행성과 달리 야행성 조류는 밤에 소리를 내고 낮에는 소리 내지 않는다.

날씨는 새가 매일매일 내는 소리의 양에 영향을 미친다. 즉, 날씨가 흐리면 새소리가 줄거나 멈추며, 비가 오면 소리가 거의 나지 않는다. 그러나 비가 내리기 직전이나 비가 갠 후에는 소리가 증가한다. 아침에 추울 때와 한낮에 더울 때는 소리가 줄고 온화할 때는 소리가 증가하며, 바람이 강하게 부는 날에는 소리가 멈춘다.

무리 생활의 좋은 점과 나쁜 점

일반적으로 '무리'란 같은 종의 개체가 모인 집단을 말한다. 무리를 형성한다는 것은 무리에 참여한 개체들이 무리 내의 한정된 자원으로 생활을 영위할 수 있음을 의미한다. 따라서 무리 생활을 하는 동물은 개체 증가에 따라 개체당 자원의 양이 감소할 것을 감안하여 단독으로 살아갈 때보다 더 큰 이익을 얻어야 한다. 무리를 짓는 새들은 무리 생활을 하면서 얻는 이익이 크기 때문에 무리에 머문다.

그러나 한 무리 내에서 각 개체가 얻는 이익은 저마다 다르다. 예를 들어 찌르레기 무리에서 수면 시간에 대열의 가장자리에 위치한 개체는 중앙에 있는 개체보다 경계의 부담을 더 많이 져야 한다. 이와 같은 개체 간 차이는 무리 내에 서열이 존재한다는 것을 의미한다. 즉, 몸집이 크고 나이와 경험이 많은 개체는 비교적 편안한 자리를 차지하고 열위 개체는 불편한 자리로 밀리게 된다. 이때 열위 개체는 배치된 자리보다 더 나은 곳이 있으면 이동하지만, 그렇지 않으면 그 자리에서 참고 견딘다.

바위종다리의 채식과 번식은 무리 내 개체들이 방어하는 점유지인 세력권의 안에서 이루어진다. 이때 개체 간의 서열은 수컷이 암컷보다 높으며, 동일한 성에서는 나이가 많을수록 높아진다.

암컷은 세력권 내에서 둥지를 틀며 둥지를 중심으로 별도의 작은 세력권을 가진다. 둥지는 암석의 틈에 마른풀이나 이끼류를 이용하여 사발형으로 만드는데, 수컷은 둥지를 짓는 활동에 참여하지 않는

©iStock

그림 2-6. 바위종다리

다. 새끼가 부화하면 아비 외에도 무리 내의 다른 수컷 여럿이 새끼에게 먹이를 공급한다. 바위종다리의 혼인 제도는 난혼 또는 협동 다부다처제여서 수컷들이 특정 암컷의 둥지뿐 아니라 무리 내 여러 둥지를 찾아다니며 새끼에게 먹이를 가져다준다.

바위종다리는 4월 하순에 번식지에 도래한 수컷 네 마리와 암컷 세 마리 정도가 무리를 형성하여 침입 개체에 대한 세력권 방어를 한다. 5월 하순부터 약 1개월간 암컷은 무리 내의 모든 수컷에게 구애 행동을 한다. 암컷의 구애 행동은 서열이 낮은 수컷보다 서열이 높은 수컷에게 적극적이며, 교미의 빈도는 서열이 높은 암컷이 서열이 낮은 암컷보다 높다. 한편 번식기의 수컷은 무리 내에서 구애 행동을 하는 모든 암컷과 교미를 하는데, 그 빈도는 서열이 높은 수컷이 서열이 낮은 수컷보다 높다. 결국 암컷과 수컷 모두 서열이 높은 개체끼리 교미의 빈도가 높다. 따라서 번식 성공도번식 1회당 이소한 새끼의 수 또한 서열이 높은 암수가 높다. 그러면 왜 서열이 낮은 개체들은 교미의 빈도와 번식 성공도가 낮은데도 불구하고 무리에 계속 남을까? 그 이유는 바위종다리가 무리를 벗어나 단독으로 번식할 때는 포식자에게 잡아먹힐 위험이 높기 때문이다. 그래서 자신이 약할 때에는 번식을 못하더라도 무리 내에 머무르며 우위를 점할 때까지 기회를 엿보는 것이다.

참매가 비둘기를 습격할 때 포획 성공률은 공격이 불시에 이루어

질지 어떨지에 달려 있다. 비둘기 무리의 개체들이 경계를 소홀히 하면 참매의 포획 성공률은 높아지고 경계를 철저히 하면 포획 성공률은 낮아진다. 무리가 커지면 커질수록 무리 내에서 한 개체가 경계하는 데 쓰는 시간은 단독으로 있을 때보다 짧지만 무리 전체의 경계 수준은 높아진다. 이와 같이 경계 수준이 높은 무리에서는 소속된 각 개체가 채식하는 데 많은 시간을 들일 수 있는 이점이 있다. 한편 무리의 구성원 중에는 경계 활동을 소홀히 하면서 자기 혼자만의 이익을 추구하려는 속임꾼이 존재할 수 있는데, 구성원 간 행동을 일치시키는 무리에서는 속임꾼이 출현하기 어렵다.

무리는 규모가 커질수록 무리 내의 한 개체가 잡아먹힐 가능성이 낮아지는 희석효과*가 나타난다. 이것은 포식자가 1회 공격할 때 한 마리만을 목표로 삼기 때문이다. 무리의 크기가 어느 정도 되면 포식자의 눈에 잘 띄어 공격당하는 횟수가 증가해서 언뜻 불리해 보이지만, 전반적으로는 무리 내의 개체들에게 유리하게 작용한다. 예를 들어, 새끼를 데리고 있는 타조 암컷들은 서로 자기 새끼를 다른 암컷의 새끼들과 섞이게 하여 포식자에게 잡아먹힐 확률을 감소시킨다. 포식자 입장에서는 마치 동시에 날아 오는 탁구공 여러 개 중 한 개만 잡아야 하는 경우처럼 난감하게 느껴지는 상황인 것이다.

피식자가 언제나 희생자의 입장인 것은 아니다. 무리를 형성하여 둥지를 트는 붉은부리갈매기의 쌍들은 포식자인 까마귀가 알을 훔치러 둥지에 가까이 오면 여러 마리가 떼 지어 포식자를 방어한다. 붉은부리갈매기의 둥지는 집단 번식지의 중심부에 많이 모여 있기 때문에 그만큼 많은 개체들이 동시에 날아올라 까마귀를 공격하면서 방어한다. 결국 붉은부리갈매기 무리의 공세 방어 덕분에 포식자로부터 알을 지켜 내는 데 성공한다. 바다오리 역시 무리를 형성하여 둥지를 트는데, 둥지가 밀집한 장소에서 번식하는 개체는 밀집 구역 바깥에서 번식하는 개체보다 번식 성공도가 높았다.

종이 다른 개체들이 모여 이룬 집단을 '혼군'이라고 하는데, 곤줄박이가 대표적인 예이다. 울창한 활엽수림에서 "삐익-삐익-" 하며 고음을 내는 곤줄박이는 인가 주변보다는 산림을 선호하는 종이다.

ⓒ김창회

그림 2-7. 붉은부리갈매기

하지만 사람이 손바닥에 해바라기 씨앗을 올려놓으면 스스럼없이 다가와 물고 갈 정도로 사람과 친해질 수 있는 성격을 지녔다. 비번식기에는 박새, 쇠박새, 진박새 또는 완전히 다른 부류인 붉은머리오목눈이나 오목눈이와도 혼군을 형성하여 함께 행동한다.

혼군은 포식자 경계와 먹이 탐색을 종별로 분담할 수 있기 때문에 효율적이다. 초원이나 갯벌에서 먹이를 찾는 댕기물떼새, 개꿩, 붉은부리갈매기의 혼군은 역할 분담이 잘되어 있다.

댕기물떼새는 지렁이가 많은 곳에서 먹이를 찾고 개꿩도 그 주변에서 채식을 하며, 붉은부리갈매기는 상공에서 주변을 경계하다가 이따금 댕기물떼새와 개꿩이 잡은 지렁이를 가로채곤 한다. 그러다가 붉은부리갈매기가 포식자의 접근을 알아채고 댕기물떼새와 개꿩에 경고하면 그 즉시 포식자로부터 재빨리 도망친다.

과실이나 씨가 집중적으로 분포하는 지역의 새는 무리 생활을 하는데, 대표적인 예가 위버새이다. '베 짜는 새'란 뜻을 지닌 위버새는 무리를 형성해 둥지를 틀며 수십만에서 수백만의 개체가 모여 잠을 잔다.

이렇게 새들이 무리 생활을 하면 먹이가 많은 장소를 알아내는 데 유리하다. 다른 개체로부터 유익한 정보를 얻을 수 있기 때문이다. 예컨대 먹이를 구하지 못한 개체는 먹이를 찾는 데 성공한 개체를 따라간다. 기생을 하는 것이다. 이때 먹이 정보를 얻으려고 따라오는 새를

© 김창회

그림 2-8. 박새, 쇠박새, 진박새의 혼군

©gettyimages

그림 2-9. 둥지 짓는 위버새

피할 수는 없다. 이러한 행동은 꿀벌이나 개미처럼 집단 전체의 이익을 얻기 위한 상호 협력이 아니라, 집단 내의 각 개체가 자기 자신의 이익을 최대로 하려는 상호 기생이다.

채식지가 습지인 새들은 조수의 변화로 바닷물에 잠기는 습지의 특성상 세력권을 방어하는 것이 불가능하다. 그래서 일정한 간격을 두고 채식지를 찾아온다. 흑기러기가 그 예이다. 흑기러기는 습지에서 자라는 식물을 먹는데, 식물의 생장 시기에 따라 너무 일찍 오면 충분한 먹이를 얻을 수 없고 너무 늦게 오면 많은 먹이를 얻을 기회를 놓쳐 버린다. 그래서 적합한 시기에 채식지에 도래하여 최대한의 먹이를 얻는다. 이것은 다른 개체의 간섭이 없는 경우에만 가능하기 때문에 흑기러기는 다른 장소에서 먹이를 찾다가 전 개체가 동시에 습지를 찾는다.

무리로 살아가면 먹이 포획에 참가한 전 개체가 이익을 동등하게 나누는 것은 아니지만, 단독으로 포획하는 것보다 여러 개체가 함께 포획하는 것이 성공률을 높인다. 비오리가 하천에서 물고기를 잡을 때도 개체 홀로 공격하는 것보다 여러 개체가 떼 지어 동시에 공격하면, 혼자서 잡을 수 없는 먹이도 잡을 수 있고 포획 성공률도 더 높으며 개체당 얻는 이익도 더 크다. 오목눈이는 잠자리에서 홀로 취침하는 것보다 무리 지어 서로 붙어서 취침하는 것이 체온 손실을 줄인다. 그 밖에 무리 생활을 하면 상공을 이동할 때 뒤쪽 행렬에서 따라

©iStock

그림 2-10. 습지에 무리를 이룬 흑기러기

가는 개체들이 공기의 저항을 적게 받는 이점이 있다.

하지만 무리 생활이 항상 이익을 가져다주는 것은 아니다. 유럽개똥지빠귀는 숲에서 무리 지어 번식하는데, 인공 둥지를 단독으로 설치했을 때보다 집단으로 설치했을 때 까마귀 같은 포식자의 침입이 더 많았다. 무리 생활의 방어 효과보다는 포식자의 눈에 쉽게 띄는 불이익이 더 크게 나타났다. 그 밖에도 무리 생활의 부정적 측면으로는 개체 간의 전염병 위험, 배우자의 간통, 새끼 살해 등이 있다.

새들이 둥지에서 하는 모든 것

새의 둥지는 알을 낳고 품고 새끼를 보살펴 길러 내기 위한 구조물이다. 둥지를 트는 장소와 형태는 종에 따라 다르다. 보통 둥지는 세력권 내에서 포식자의 눈에 잘 띄지 않는 장소에 짓는다. 둥지 형태로는 땅 위의 둥지, 수동나무에 생긴 굴과 구멍 또는 땅굴, 편평한 둥지, 컵형 둥지 등이 있다.

먼저, 땅 위의 둥지는 땅 표면을 부리나 발로 긁고 몸으로 비벼서 움푹하게 한 뒤 둥지 재료를 얹어서 엮거나 쌓아 만든 것이다. 이런 형태로 둥지를 짓는 새는 아비류, 고니류, 기러기류, 오리류, 꿩류, 메추라기류, 도요류, 갈매기류, 제비갈매기류, 바다쇠오리류 등이다. 논병아리류, 두루미류, 뜸부기류, 물닭류 등의 새들이 하천이나 늪의 물

위에 둥지를 띄워 만드는 것도 땅 위의 둥지에서 유래한 것이다. 땅 위에 둥지를 짓는 종의 대부분은 섬 또는 포식자가 접근하기 어려운 곳을 둥지 틀 장소로 정하며, 둥지 안에 머물 때는 보호색을 띤다.

수동 또는 땅굴을 짓는 새로는 바다제비, 흰뺨오리, 바다비오리, 원앙, 물총새류, 딱따구리류, 파랑새, 찌르레기가 있다. 이들은 나무가 자연적으로 패어 생긴 구멍이나 굴, 또는 나무나 땅을 일부러 파서 만든 공간에 둥지를 만든다. 이전에 다른 새가 사용했던 둥지를 보수하여 자신의 둥지로 삼는 경우도 있다.

편평한 둥지는 관목이나 습생식물의 윗부분에 식물질을 모아 엉성하게 쌓아 올려서 만든 것이다. 왜가리, 황새, 따오기, 비둘기 등이 이러한 형태로 둥지를 짓는다. 가마우지, 매, 독수리, 물수리 등도 편평한 둥지를 만드는데 항상 나무나 식물 위에 짓지는 않는다. 가마우지는 종종 절벽에 둥지를 짓고, 물수리는 절벽이나 땅 위에 둥지를 짓기도 한다.

컵형 둥지는 바닥과 벽이 재료로 촘촘히 엮여 있고 내부는 부드러운 물질로 채워져 있다. 붉은머리오목눈이는 관목의 그루 사이에, 또는 갈대의 포기 사이에 컵형 둥지를 만든다. 까치와 오목눈이는 컵 모양 구조를 위로 연장해 아치형으로 덮어 돔 모양의 둥지를 만든다. 꾀꼬리는 나뭇가지의 끝부분에 매달린 모습으로 컵형 둥지를 짓고, 제비류는 건물의 벽면에 재료를 붙여 수직형이나 수평형의 컵형 둥지를 만든다. 종다리, 밭종다리, 멧새류는 개활지나 늪지 식생 또는 숲속의 땅 위에 컵형 둥지를 짓고 동고비, 나무발발이, 굴뚝새 등은 나무에 생긴 구멍 속에다 컵형 둥지를 만든다. 일부의 올빼미류나 부엉이류도 종종 절벽의 선반 같은 장소 또는 구멍, 다른 종이 이미 사용했던 둥지에 컵형 둥지를 짓는다. 칼새류는 자신의 타액을 이용하여 재료를 수직 벽에 붙여서 컵을 반으로 나눈 형태의 둥지를 만든다.

둥지를 짓는 일은 대부분의 종에서 암컷이 도맡는다. 수컷이 전적으로 둥지를 짓는 종은 매우 드물지만, 수컷이 암컷을 도와주는 종은 많다. 이때 수컷은 보통 암컷과 함께 둥지 재료를 구해 오거나 혼자 재료를 구해 암컷에게 전달한다. 어떤 종은 암컷과 수컷이 교대로 둥지를 짓는다. 대체로 부리를 이용해 둥지 재료를 운반하는데, 독수리와 매는 발을 이용한다.

©김창희

그림 2-11-1. 저어새와 괭이갈매기의 땅 위 둥지

©김창희

그림 2-11-2. 수동 둥지를 바라보는 올빼미

ⓒ김창회

그림 2-11-3. 왜가리의 편평한 둥지

ⓒ김창회

그림 2-11-4. 제비의 컵형 둥지

1) 산란

보통 둥지를 짓는 시기는 난자가 성장하기 시작할 때이며, 첫 번째 산란은 둥지가 완성된 후 하루 만에 또는 수일 내로 이루어진다. 몇몇 종은 산란 후에도 둥지 재료를 덧붙이는 공사를 한다. 둥지를 만들 때 기온이 낮으면 작업이 지연되지만 기온이 오르면 속행된다. 그리고, 둥지 재료가 되는 식생의 발육이 늦어지면 공사도 지연되고 빨라지면 공사도 속행된다.

한 개의 둥지에서 한 마리의 암컷이 낳은 알의 수를 한배산란수라고 한다. 일반적으로 나타나는 한배산란수는 1회 번식에서 키울 수 있는 최적의 알 수로, 종에 따라서 다르다. 키위, 바다오리, 슴새의 한배산란수는 1개이고 아비류와 비둘기류는 보통 2개, 괭이갈매기는 1~3개, 깝작도요와 매는 3~4개, 대부분의 섭금류는 4개, 쇠물닭은 5~9개, 꿩은 10~15개이다. 참새목에서 수동이나 건물 틈에 둥지를 짓는 새는 나무에 컵형 둥지를 짓는 새보다 한배산란수가 많고, 포란기간과 육추 기간도 길다. 수동 둥지는 컵형 둥지보다 포식자의 침입으로부터 비교적 안전하기 때문에, 둥지에서 새끼를 키우는 기간을 길게 하고, 컵형 둥지는 포식자의 위험이 높은 둥지이기 때문에 둥지에서 새끼를 키우는 시간을 단축하도록 선택압이 작용한 것이라고 볼 수 있다. 한편 어떤 종은 알을 제거하면 정상의 한배산란수를 초과하여 보충 산란*하기도 한다.

동일한 종일지라도 연령, 기후 조건, 번식지의 환경, 개체변이에 따라 한배산란수는 다르게 나타난다. 예를 들어 첫 번째 번식을 하는 개체의 한배산란수는 해당 종의 평균보다 적으며, 날씨가 추워도 한배산란수가 적을 수 있다. 번식지의 환경에서 새끼들에게 먹일 수 있는 자원이 많은 지역이나 낮이 길어서 먹이를 구할 시간이 넉넉한 지역에 사는 개체들은 한배산란수가 많다. 또 천적이 없고 기후가 안정된 지역에 사는 개체들은 천적이 많고 기후가 불안정한 지역에 사는 개체들보다 한배산란수가 많다.

새는 일반적으로 1년에 1회 번식한다. 이는 1회 새끼를 키워 내고 다시 번식하여 또 새끼를 키워 내기에는 1년이라는 시간이 충분하지 않기 때문이다. 그러나 일부의 종은 1년에 2회 이상 번식하며, 비둘기류는 생태적 조건이 알맞으면 1년에 수차례 번식한다. 산란은 주로 동틀 무렵부터 일출 사이에 이루어지며, 소형 조류는 매일 하나씩 알을 낳고 대형 조류는 2~3일에 하나씩 알을 낳아 한배산란수를 채운다.

한배산란수의 최대치는 얼마나 될까? 혹시 무한대일 수 있을까? 새의 번식 성공도는 부모가 둥지의 새끼에게 먹이를 가져다주는 속도의 제한을 받는다. 한배산란수가 보통 8~9개인 박새를 예로 들면, 박새의 둥지에 다른 둥지의 알을 추가했을 때 박새의 부모가 모든 알을 이상 없이 포란하여 잘 부화시켰다. 이러한 결과는 한배산란수가

ⓒ연합뉴스

그림 2-12. 둥지 안의 박새 알

부모의 포란 능력에 좌우되는 것이 아니라 다른 요인에 의한다는 것을 시사한다. 알이 추가된 박새 둥지에서 자란 새끼들은 둥지를 떠날 때 체중이 평균에 못 미쳤다. 부모의 먹이 공급 속도가 한정된 상황에서 키워야 할 새끼가 추가됨으로써 먹이 공급량이 충분하지 못했기 때문이다. 실제로 박새는 한배산란수가 많을수록 둥지를 떠날 때 새끼들의 평균 체중이 감소한다. 둥지를 떠날 때의 체중은 그 이후 박새의 생존율에 영향을 미치는데, 체중이 무거울수록 생존율이 높게 나타난다.

박새의 한배산란수는 키우기에 최적인 새끼 수보다 약간 적다. 부양해야 할 새끼의 수는 부모의 생존에도 영향을 준다. 최적의 새끼 수보다 많은 알을 낳은 새들은 부모가 살아남아 이듬해에 번식할 확률이 낮으며, 부모가 죽을 때까지 생산할 수 있는 최대량에 못 미치는 새끼를 남긴다. 반면에 생존율을 감안하여 적절한 수의 알을 낳은 새들은 생애에 생산할 수 있는 최대 수만큼 새끼를 남길 수 있다.

대부분의 새알은 한쪽이 둥그스름하고 다른 한쪽이 약간 뾰족하다. 타조, 올빼미류, 물총새류의 알은 전반적으로 둥글고, 논병아리류의 알은 양쪽 끝이 모두 뾰족하다. 물떼새류의 알은 한쪽이 둥근 데 비해 다른 한쪽은 현저하게 뾰족한데, 이는 뾰족한 쪽이 둥지 중심부로 모이게 함으로써 알이 차지하는 공간을 최소화하여 포란을 효과적으로 할 수 있게 적응된 것이다. 그리고 둥지에 어떤 충격이 가해졌을 때 알이 굴러떨어지지 않도록 적응된 것이다.

새알의 껍데기에는 수많은 미세 구멍이 나 있으며, 표면은 종에 따라 매끄럽거나 거칠거나 광택이 있다. 알의 색깔은 변이가 심하다. 흰색, 갈색, 청색 등으로 단색을 띠는 종이 있는가 하면, 단일한 바탕색에 여러 가지 색깔의 무늬가 들어간 종도 있다. 땅 위 개방된 둥지에 사는 새들의 알이 대체로 색깔이 짙은데, 이는 강한 햇빛과 천적으로부터 알을 보호하기 위한 것이다. 육안으로 알아보기 어려운 구멍에 둥지가 있는 새들의 알은 대체로 흰색이거나 옅은 색이다. 이러한 색깔은 포식자의 눈에 잘 띄지만, 둥지가 구멍 속에 숨겨져 있는 덕분

©연합뉴스

그림 2-13-1. 둥근 올빼미의 알

©연합뉴스

그림 2-13-2. 양쪽 끝이 뾰족한 논병아리의 알

©김창회

그림 2-13-3. 한쪽 끝이 뾰족한 꼬마물떼새의 알

그림 2-14. 무늬가 있는 쇠물닭의 알

에 위험을 피할 수 있다. 흰색 알은 색깔이나 무늬가 있는 알보다 생산하는 데 에너지가 적게 소모되기 때문에, 포식자의 눈에 띄지 않는 구멍 속에서 낳는 흰색 알은 자연선택의 결과로 볼 수 있다.

2) 포란

포란은 보통 한배산란수가 완성된 후 시작되지만, 첫 번째 알을 낳고 시작하는 종도 있다. 대부분의 조류는 포란을 시작하기 전 복부 표면에 포란반*이 발달한다. 깃털이 빠지면서 두꺼운 피부가 노출되는 포란반은 핏줄이 모여 있어 알로 체온을 전달하기에 좋다. 포란반은 육

그림 2-15. 멧새의 포란반

추기의 초기까지 유지되며, 깃털은 털갈이를 할 때 다시 자란다.

포란은 종에 따라서 암컷이 단독으로 하기도 하고 암수가 교대하기도 한다. 수컷이 암컷보다 화려한 색깔을 띠는 종은 대부분 암컷이 포란하며, 암수가 비슷한 색깔을 띠는 종은 암수가 모두 포란하는 경향이 있다. 암수가 교대로 포란하는 종은 어느 정도 규칙적으로 교대를 한다. 포란 중인 새는 자세를 고쳐 앉기도 하고, 일어섰다 다시 앉기도 하고, 부리로 알을 돌리거나 옮기기도 하고, 둥지 재료를 건드려 보기도 하고, 바르르 떨면서 둥지 바닥을 쑤셔 보기도 한다. 이러한 포란 행동은 암수가 유사하다.

ⓒ김창회

그림 2-16. 포란 중인 뿔제비갈매기

개시일로부터 마지막 알이 부화할 때까지의 포란 기간은 종에 따라 다르다. 잘 발달한 새끼를 생산하는 종은 포란 기간이 길며, 외부 침입으로부터 비교적 안전한 형태의 둥지를 짓는 종 또한 포란 기간이 길다. 포란 기간에 둥지를 비우는 시간이 길어지면 그사이 알이 냉각되어서 부화가 늦어진다.

3) 부화

포란 기간에는 알껍데기가 점차 약해지고, 배아의 생장으로 인하여 받는 압력에 취약해진다. 부화의 징후는 알 표면에 별 모양의 금이

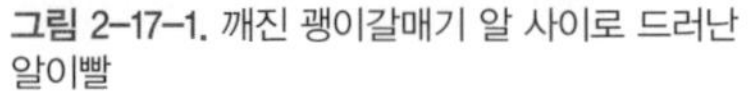

그림 2-17-1. 깨진 괭이갈매기 알 사이로 드러난 알이빨

그림 2-17-2. 알을 깨고 갓 부화한 괭이갈매기 새끼와 알껍데기

생기는 것인데, 이러한 금은 배아의 윗부리 끝에 생기는 칼슘 성분의 비늘형 알이빨난치*로 인하여 생긴다. 알 내부에 있는 배아의 근육 작용으로 알껍데기가 압력을 받고 딱딱한 알이빨이 껍데기에 균열을 일으키면서 부화가 시작되는 것이다.

부화할 때는 보통 알의 넓은 부위에 균열이 생기며, 알 속에서 새끼가 목과 다리를 움직거리다가 알이 두 쪽으로 갈라지면 껍데기 밖으로 나오게 된다. 한배의 알은 어느 정도 시간을 두고 부화하며 하루 또는 이틀이 지나서 부화하는 것도 있다. 알이빨은 부화가 끝나면 탈락되거나 서서히 퇴화된다.

대부분의 종에서 어미는 부화 후 둥지에 남은 알껍데기를 먹어 버리거나 멀리 내다 버리며, 새끼의 배설물 또한 먹거나 내다 버린다. 이는 알껍데기 안쪽의 흰색 또는 이물질이나 새끼의 배설물이 포식자를 유인할 수 있기 때문이다. 둥지 안으로 유입된 이물질도 포식자를 유인할 수 있어서 즉시 내다 버린다. 반면에 맹금류나 백로류는 새끼의 알껍데기나 배설물을 치우지 않고 그대로 둔다. 부화 후 곧바로 둥지를 떠나는 종도 알껍데기를 남겨 둔다. 한편 어미는 갓 부화한 새끼를 추울 때 품어 주거나 햇볕이 강할 때 날개를 펼쳐 그늘을 만들어 준다. 새끼의 성장 초기에 나타나는 이러한 행동은 포란 행동의 연속으로 포추抱雛라고도 한다.

4) 육추

갓 부화한 새끼는 종에 따라서 솜털이 많거나 드물거나 전혀 없기도 하며, 부화 후 둥지에 머무는 기간도 종마다 다르다. 새끼가 천천히 자라는 만성성晩成性 조류의 갓 부화한 새끼는 솜털이 없고 눈이 감긴 상태이며 어미로부터 먹이를 받아먹으면서 둥지에 오래 머문다. 만성성 조류에서 갓 부화하여 둥지에 머무는 개체를 갓난 새끼nestling, 둥지를 떠나 어미로부터 독립하기 전까지의 개체를 어린 새끼fledgling, 깃털이 다 자랐으나 성적으로 성숙하지 않아 번식을 못하는 개체를 유조juvenile, 깃털이 다 자랐으나 완전한 성조의 깃털을 갖지 않고 번식이 가능한 개체를 미성숙 개체immature라고 부른다.

©김창회

그림 2-18-1. 어치의 갓난 새끼

©김창회

그림 2-18-2. 원앙의 어린 새끼

©김창회

그림 2-18-3. 꿩의 유조

©김창회

그림 2-18-4. 괭이갈매기의 미성숙 개체

새끼가 빨리 자라는 조성성早成性 조류의 갓 부화한 새끼chick는 온몸이 솜털로 덮여 있고 눈을 뜬 상태이며 보행이 가능해 둥지를 떠나 스스로 먹이를 찾을 수 있다. 비교적 발달이 덜 된 날개를 제외하고 신체 각 부분의 발달 비율이 성조와 매우 유사하다. 이처럼 만성성 조류의 새끼보다 훨씬 더 발달한 요인은 알에 난황이 풍부하게 존재하기 때문이다. 육지에서 사는 닭목과 도요목의 새끼는 등에 솜털이 많지만, 물에서 사는 아비목, 논병아리목, 기러기목, 두루미목의 새끼는 배에 솜털이 많다. 솜털은 부화 후 2~3시간이 지나면 건조해지고 부드러워진다.

대부분의 종은 암컷이 혼자서 포란을 하면 육추도 암컷 혼자 담당하고, 암수가 교대로 포란을 하면 육추도 암수 함께 담당한다. 다양한 참새목의 조류에서 수컷은 부화 전부터 먹이를 갖고 둥지에 나타나며, 포란에 참여하지 않았더라도 새끼에게 먹이를 가져다주는 수컷도 있다.

새끼에게 먹이를 주는 방법은 종에 따라 다양하다. 조성성 조류는 어미가 새끼를 채식지로 유도하여 스스로 찾아 먹게 하지만, 만성성 조류는 어미가 채식지에서 먹이를 구해 와 둥지의 새끼에게 먹인다. 방울새와 홍여새는 어미가 채식지에서 먹이를 삼킨 채 둥지로 돌아와 새끼들의 입에 먹이를 토해 내는 방식으로 급식을 하며, 해오라기는 먹이를 물고 있는 어미의 부리를 새끼가 부리로 감싸면서 먹이를

	새끼의 발육상태								
	조성성 ← ← ← 반조성성					반만성성 → 만성성			
조성성 특징 (○)									**만성성 특징 (□)**
솜털이 나 있음	○	○	○	○	○	○	○	□	솜털이 없음
눈을 뜬 상태	○	○	○	○	○	○	□	□	눈이 감긴 상태
둥지를 떠남	○	○	○	○	△	□	□	□	둥지에 남음
스스로 먹이를 먹음	○	○	△	□	□	□	□	□	어미로부터 급여
어미로부터 독립	○	□	□	□	□	□	□	□	어미를 따름
대표적인 종류	무덤새	오리·도요·물떼새류	꿩·들꿩류	논병아리·뜸부기류	갈매기·제비갈매기류	매·백로류	올빼미류	참새목	

그림 2-19. 어린 새끼의 발육상태 분류와 대표적인 조류 그룹(長谷川 1991에서 변경)

받아먹는다. 갈매기류는 어미가 둥지 또는 주변의 바닥에 먹이를 놓거나 부리로 잡고 있으면 새끼가 집어먹고, 가마우지류는 어미가 입을 벌리면 목구멍에 있는 먹이를 새끼가 꺼내 먹는다. 비둘기류는 소화 기관에서 생성된 우유 같은 분비물을 토해 내서 새끼에게 직접 먹인다. 맹금류는 먹이를 발가락으로 잡고 둥지로 가져와서 새끼에게 찢어 먹이거나 스스로 먹도록 한다.

산에서 들까지 광범위한 지역에 서식하며 나무 위에 둥지를 트는 멧비둘기는 주로 식물의 종자, 과실, 곤충류, 지렁이를 먹는다. 그런데 이들이 새끼를 낳으면 자신의 섭식과 다른 급식을 한다. 다름 아닌 젖을 먹인다. 이 젖은 암수 모두의 소낭에서 분비되는 액체로, 흔히 피존 밀크pigeon milk 또는 비둘기젖이라고 부른다. 피존 밀크는 단백질과 지방이 풍부하며, 부모가 입을 통하여 새끼에게 먹인다. 대부분의 조류는 먹이 자원이 풍부한 봄과 여름에 새끼를 키우지만, 멧비둘기는 다른 종보다 번식 기간이 더 길고 부모의 섭식 상태가 좋으면 한 해 내내 번식할 수 있다. 그러나 피존 밀크가 한꺼번에 많이 나오지 않기 때문에 멧비둘기가 1회에 키울 수 있는 새끼는 한두 마리 정도이다.

흰점찌르레기는 새끼들에게 주로 꾸정모기의 애벌레와 그 밖의 토양 무척추동물을 먹이며, 번식의 절정에 이르면 매일 둥지에서 채식지까지 400회 이상을 왕복해 새끼들에게 먹이를 날라다 준다. 이때

그림 2-20. 피존 밀크를 먹이는 멧비둘기

1회 운반량은 새끼들에게 줄 먹이의 최대량에 영향을 미치고, 이는 곧 새끼들의 건강과 생존에 직결되기에 효율적으로 운반할 필요가 있다. 흰점찌르레기와 같은 소형 조류에서 번식 성공도는 다름 아닌 먹이 운반 능력이다. 흰점찌르레기는 부리를 이용하여 특별한 방법으로 먹이를 탐색한다. 즉, 꾸정모기 애벌레가 풍부한 목초지에서 부리로 초본을 헤치며 지면 아래에 있는 꾸정모기 애벌레를 찾아낸다. 이러한 방법으로 먹이를 탐색하는 종은 채식 효과가 매우 높다. 흰점찌르레기가 먹이를 탐색하는 초반에는 쉽고 빠르게 잡는다. 하지만 그 뒤로는 잡은 먹이를 부리로 물고 있는 상태여서 그 점이 방해되어 먹이를 찾아내는 데 시간이 점점 더 걸리고, 어느 시점에 이르면 먹이를 잡기가 굼뜨고 어려워진다. 결국 흰점찌르레기는 운반에 소요되는 시간둥지와 채식지 간의 거리과 먹이 탐색 시간을 고려하여 새끼들에게 줄 먹이의 최대량을 확보할 수 있는 1회 운반량을 결정한다.

만성성 조류의 새끼는 부화 후 곧 배설을 한다. 종에 따라 둥지 너머로 배설하는 종도 있지만 둥지 내 또는 바로 주변에 배설하기도 한다. 참새목의 조류는 대부분 반고체의 흰색 오줌 성분과 어두운 색깔을 띤 장의 분비물이 배설물 주머니에 싸여서 나온다. 일부의 종은 어미가 규칙적으로 배설물 주머니를 갖다 버리지만, 어떤 종은 초기의 일정 기간에만 내다 버리고 그 후에는 둥지에 방치한다. 같은 종일지라도 어떤 개체는 배설물 주머니를 먹기만 하고 어떤 개체는 멀리 내다 버리기만 하며, 또 어떤 개체는 이 두 가지 행동을 모두 한다.

아비, 논병아리, 물닭, 고니, 일부 오리류 등의 어미는 수영하는 동안 새끼들이 자신의 등에 올라타도록 하지만, 어미가 새끼를 들어 올려서 이동시키는 경우도 있다. 어떤 종은 새끼를 날갯죽지에 단단히 붙여 매달리게 한 후 수면의 잎 넓은 수초를 밟고 함께 이동한다. 그리고 어떤 종은 부화 후 털이 없고 움직일 수 없는 새끼를 아비가 물어서 양쪽 날개 밑의 주머니표피가 변해서 생긴 신체 기관에 한 마리씩 넣고 다니면서 새끼를 보호한다.

ⓒ임봉훈

그림 2-21. 새끼를 업고 있는 뿔논병아리

포식자가 나타나면 일반적으로 새들은 숨거나 도망치는데, 포식자가 둥지에 접근했을 때 대항하는 종이 있다. 어떤 종의 경우 포식자가 출현하면 무리의 규모를 증대시키거나 불규칙적인 비행을 한다. 예를 들어 까치는 자신의 행동권에 침입한 말똥가리나 황조롱이를 무리 지어서 쫓아내며, 꼬마물떼새는 둥지로 포식자가 다가왔을 때 날개가 부러진 것처럼 위장하여 포식자를 다른 곳으로 유인한다.

그림 2-22. 꼬마물떼새의 의상행동

5) 분산

어린 새가 출생지로부터 첫 번식을 행할 장소로 이동해 가는 것을 '출생지로부터의 분산'이라고 한다. 조류는 암수 중 어느 한 성이 다른 성보다 멀리 분산하는데, 포유류와 달리 일반적으로 암컷이 수컷보다 더 멀리 분산한다. 이는 근친교배를 피하기 위함이다. 수컷은 아비의 세력권 일부를 상속받아서 태어난 장소 가까이에 정착하거나 형제들의 서식지 근처에 세력권을 확보하기 때문에 분산 거리가 멀지 않다.

박새의 근친교배는 수컷이 평균 거리보다 멀리 분산하거나 암컷이 평균 거리보다 가까이 분산함에 따라 자식이 부모 또는 형제자매와 짝짓기를 해서 발생한다. 이와 같이 근친교배를 한 쌍은 이계교배를 한 쌍보다도 번식 성공도가 낮다. 포유류에 있어서도 근친교배가 번식 성공도를 저하시킨다는 것이 알려져 있고, 동물원처럼 개체군이 작은 환경에서 개체 수를 증가시키려고 할 때 그 점이 문제가 된다. 새는 부화 직후 처음 본 개체를 부모로 인식하거나 한배에서 태어난 형제자매를 서로 인식하는 특성이 있다. '각인'*이라고 알려진 이러한 혈연자 인식을 통해서도 근친교배를 피할 수 있다.

그림 2-23. 부화할 때 처음 보고 들은 소리를 어미로 인지

먹이와 짝짓기를 위한 세력권 경쟁

대부분의 새는 번식지에 수컷이 암컷보다 먼저 도착하거나 암수가 함께 도착한다. 먼저 도착한 수컷은 자신과 암컷 그리고 차후에 태어날 새끼를 위한 먹이를 충분히 확보할 수 있는 장소에 세력권을 형성한다. 만일 한 번식지에 여러 개체가 무리 지어 도래하면 수컷끼리 서로 배타적인 행동을 취함으로써 무리가 해체되고, 개체들은 각자 자신만의 세력권을 만들게 된다. 이렇게 수컷 간의 세력권 경쟁이 일어나는 현장에서는 자기 영역을 방어하려는 개체별 울음소리가 훨씬 더 빈번하게 들려온다.

세력권은 한 마리의 새가 동종의 다른 개체가 들어오지 못하게 방어하는 지역을 말하는데, 이는 개체 간의 공격적 행동으로 개체군의 과밀을 해소하고 밀도를 적정하게 조절하는 생존 요인이다. 대부분의 조류가 세력권을 가진다. 새의 번식은 수컷이 세력권을 조성한 뒤 암컷이 그 세력권 내에 들어와 정착하고, 둥지를 틀어 알을 낳고 품고 부화한 새끼를 돌보는 등 일련의 과정을 거치며 이루어진다. 새도 모든 동물과 마찬가지로 자신의 유전자를 많이 남기기 위한 행동을 한다는 점에서, 새의 짝짓기*mating를 이해하는 관점은 교미copulation에 의한 성관계 또는 정자와 난자가 융합하는 수정에 맞출 필요가 있다. 새의 교미는 수컷이 암컷에게 정자를 전달하는 행위로, 암수의 총배설강*끼리 접촉함으로써 이루어진다.

암컷이 세력권 내에 들어오면 수컷은 암컷에게 과시행동 또는 구애 행동을 하면서 암컷을 끌어들인다. 이때 수컷은 교미도 시도해 보지만, 암컷이 받아들이지 않으면 성공하지 못한다. 수컷은 구애 행동의 일환으로 암컷에게 먹이를 가져다주기도 하는데, 이는 자기가 채식 능력이 있는 배우자감임을 증명하기 위한 행동이다.

암컷이 수컷의 과시나 구애를 받아들이고 세력권 내에 남으면 비로소 짝짓기가 이루어진다. 암수가 제한된 세력권 내에서 가까운 관계를 유지하면 수컷은 노랫소리를 줄이거나 중지한다. 이러한 기간이 지나면 암컷은 교미를 받아들이고, 교미가 시작되면 둥지 틀기에 들어간다. 교미는 산란하는 기간에도 반복해서 이루어진다.

쌍을 이룬 새는 일반적으로 번식기에 마지막 알을 낳은 후 또는 부

ⓒ김창회

그림 2-24. 참새의 교미

화한 새끼를 키운 후에 헤어진다. 한 계절에 2회 이상 번식하는 새들도 번식기 동안에는 쌍을 유지하지만, 간혹 짝을 바꾸는 경우도 있다. 그런가 하면 한 계절 동안 쌍을 이루어 번식했다가 이듬해에 배우자가 살아있음에도 불구하고 이혼하고 각자 다른 짝을 찾아 번식하는 새도 있다. 어떤 새들은 번식을 마친 후 겨울철에 헤어졌다가 이듬해의 번식기에 다시 만나 번식하기도 하고, 일생 내내 쌍을 유지하는 새들도 있다.

교미 전 세력권을 만들 때의 과시행동은 암수가 함께 상대의 선택을 확인하고 짝짓기를 유지하기 위해 여러 가지 양상으로 나타난다.

예를 들어 원앙, 저어새, 황로 등의 수컷은 번식기에만 나타나는 종 특유의 형태인 밝은 빛의 깃털, 번뜩거리는 장식깃, 피부 노출, 부리와 얼굴의 색깔 변화로 과시행동의 효과를 높인다. 그리고 독특한 노랫소리를 낸다든가, 특이한 거동 또는 다리, 날개, 꼬리를 흔들거나 떠는 짓, 공중과 수중에서 하는 유별난 행동거지를 보인다. 이때 수컷은 암컷을 유인하는 냄새를 내거나 종종 암컷의 뒤를 따른다. 외견상 암컷이 보이는 반응은 먹이 쪼기, 깃털 다듬기, 부리 청소 등인데 이는 성적 흥분을 일으키는 행동이다. 대부분의 종에서 수컷은 공중, 수상, 육상에서 암컷의 뒤를 쫓는다. 이러한 성적 추적 행동은 교미를 준비하는 신호이거나 교미 행동의 일환이다.

ⓒ연합뉴스

그림 2-25. 화려한 번식깃의 저어새

새들은 암수가 교미를 목적으로 동조행동을 하기도 한다. 예컨대 뿔논병아리는 암수가 함께 물 위에서 몸을 곧게 하고 머리깃을 세운 채 서로 대칭을 이루며 나란히 세차게 헤엄친다. 그러고는 마주 보고 같이 머리를 흔들거나 함께 잠수하여 수초를 입에 물고는 가슴을 맞댄 채 머리를 흔드는 행동을 한다. 한편 어떤 종은 수컷이 둥지 만드는 데 직접 참여하지 않는 것이 일반적인데도 상징적인 구조물을 만드는 행동을 하고, 또는 둥지를 만드는 암컷에게 재료를 운반해 주거나 먹이를 가져다주는 행동을 한다. 새들은 교미에 성공하면 교미 전의 행동과 현저하게 달라진다. 상호 협조적일 수도 있고 아닐 수도 있는데, 일부일처제로 살아가는 새들의 대부분은 알을 낳고 품고 새끼를 키우는 기간에 암수가 서로 협조하는 행동을 보인다.

세력권에 대하여 좀 더 자세히 알아보면, 먼저 세력권은 번식기와 비번식기로 나눌 수 있다. 번식기 세력권은 은신처, 짝을 유인하고 방어하는 경계, 교미 장소, 먹이와 둥지 재료를 확보할 수 있는 구역, 그리고 둥지와 알과 새끼를 보호할 수 있는 영역 등 다양한 기능을 한다. 일반적으로 번식기의 수컷은 세력권을 확립하고 이를 주위의 개체에게 알리며, 동종의 다른 수컷이 침입하면 세력권 밖으로 쫓아낸다. 세력권 방어 행동은 어디까지나 종내경쟁*이다. 어떤 종은 암컷이 세력권 방어에 동참하지만 수컷만큼 활발하지 않고, 단지 동종의 암컷을 방어하는 수준으로 행동한다.

ⓒ연합뉴스

그림 2-26. 뿔논병아리의 구애 행동

암컷이 알을 전부 낳으면 수컷의 세력권 방어 행동은 공격성이 약해지면서 점차 감소한다. 그리고 부화하면 수컷은 배우자와 새끼에 더 많은 주의를 기울이게 되고 세력권의 기능도 차츰 축소되면서 사라지게 된다. 일반적으로 한 쌍의 새가 이루는 세력권은 새끼가 독립할 때까지 유지된다. 텃새인 물까치는 쌍 또는 무리로 연중 세력권을 유지한다. 텃새인 박새와 여름철새인 개개비는 한 세력권에서 번식에 성공하면 이듬해에도 동일한 세력권으로 돌아와 번식하는 경우가 많다.

한편 비번식기 세력권은 채식지를 방어 지역으로 삼는다. 겨울철 세력권은 텃새가 방어하는 지역으로, 번식기 세력권과는 일치하지 않을 수도 있다. 세력권을 적극적으로 방어하는 종이 있는 반면에 그렇지 않은 종도 있으며, 한 개체 또는 쌍이 확보하여 방어하거나 다수의 개체가 모여서 방어할 수도 있다. 동종의 개체일지라도 환경의 차이에 따라 세력권의 형태가 다를 수 있다. 특정한 개체나 여러 개체가 먹이나 물을 얻으려고 활동하는 지역을 행동권이라고 하는데 어떤 개체가 그 지역을 적극적으로 방어하게 되면 세력권이 된다.

새들이 무리 생활에서 서열을 결정하거나 세력권을 확보할 때는 부리, 발톱, 날개 등을 이용한 신체적 충돌이 일어난다. 경쟁 상대와 싸우는 과정에서 위협을 주는 과시행동, 특유의 울음소리, 자신만만한 접근 등의 행동을 보이며, 이러한 행동은 종에 따라 다양하다. 싸

©연합뉴스

그림 2-27. 물총새의 영역 다툼

©김창회

그림 2-28. 좋은 먹이 터를 지키기 위해 싸우는 쇠백로

움에서 어느 한쪽이 양보하거나 퇴각하는 행동을 보이면 지는 것이며, 승리한 개체가 높은 서열을 차지하거나 세력권을 점유하게 된다.

세력권의 면적은 종의 생활 양식이나 먹이 자원에 따라 다르다. 집단으로 번식하는 종은 일반적으로 교미를 하고 둥지를 틀 수 있는 면적에 국한하여 방어하지만, 단독으로 번식하는 종은 비교적 넓은 면적을 강도 높게 방어한다. 굴뚝새의 경우에는 수컷들 간에 세력권 면적의 차이가 나타난다. 굴뚝새 수컷은 모두 세력권을 가지고 그 안에 둥지를 1~5개 튼다. 보통 수컷 한 마리가 암컷 한 마리와 쌍을 이루지만 2~4마리의 암컷과 혼인하는 개체도 있다. 굴뚝새는 암컷이 수컷을 선택하기 때문에, 수컷은 유용하고 넓은 세력권을 확보하면서

ⓒ김창회

그림 2-29. 굴뚝새

좋은 위치에 많은 둥지를 틀 수 있는 여건을 조성할 능력이 있어야 여러 암컷으로부터 선택을 받을 수 있다. 굴뚝새의 주 포식자는 뱀이다. 그래서 암컷은 뱀이 도달할 수 없는 높은 위치에 출입구가 2개 이상인 둥지를 트는 수컷을 선호한다. 넓고 좋은 세력권 내에서 여러 암컷과 함께 둥지를 많이 짓고 사는 수컷이 있는 반면에, 세력권을 가지고 있더라도 혼인을 못하고 독신으로 사는 수컷도 있다. 이러한 수컷은 세력권의 면적이 비교적 좁으며, 둥지도 1개뿐이다.

새는 무리를 지어 살지만 또한 각각의 생활 터전인 둥지와 세력권이 매우 중요하다는 사실을 이 장을 통해 알아보았다. 사람들에게 국가와 사회도 중요하지만 각자의 가정과 개인의 삶이 중요한 것과 마찬가지이다. 거친 환경에 맞선 개체의 행동 하나하나가 다음 세대의 성패를 좌우할 요인으로 이어지기 때문일 것이다.

ⓒ김창회

3
새의 혼인과 성생활

동상이몽인 암컷과 수컷의 사생활

암수 간의 이해 대립은 암컷과 수컷의 기본적인 차이에서 비롯되었다. 여기서 암수의 기본적인 차이는 형태적인 차이가 아니라 생식세포의 크기에서 나타난다. 암컷은 크고 움직이지 않으며 영양분을 포함한 생식세포인 난자를 만들지만, 수컷은 작고 움직임이 활발하며 유전물질DNA 이외에는 거의 아무것도 포함하지 않는 생식세포인 정자를 만든다. 수컷은 다수의 작은 정자를 생산하며, 암컷은 소수의 큰 난자를 생산한다. 수컷은 암컷이 난자를 생산하는 속도보다 빠르게 정자를 생산할 수 있어서 암컷이 만드는 난자를 찾기만 하면 단시간에 여러 암컷의 난자를 수정시킬 수 있다.

수컷은 많은 암컷을 찾아서 난자를 수정시키는 것만으로 번식 성공도를 높일 수 있기 때문에 암컷보다 번식 능력이 높다. 수컷의 이상적인 생활 방법은 가능한 한 많은 암컷과 교미하고, 교미한 암컷이 모두 각각의 둥지에 머물러 그의 새끼를 부양하는 것이다. 이러한 경향은 주로 바다사자나 사슴과 같은 포유류에서 나타나며, 극히 일부의 조류에서도 확인되고 있다.

인간의 경우 여성은 1명의 자녀를 얻기 위해서 수개월이 필요하지만, 남성은 그 기간에 수백 명의 여성을 임신시켜 자녀를 늘려 갈 수도 있다. 과거 모로코 황제였던 무레이 이스마일은 69명의 여성으로부터 888명의 자녀를 얻었다.

그러나 암컷은 아무리 많은 수컷들과 교미하더라도 번식 성공도가

ⓒ황영심

그림 3-1. 바다사자 암컷과 새끼

자신의 난자 수 이상으로 증가하지 않는다. 암컷은 단지 새끼의 생산 속도를 빠르게 함으로써 생애에 자식 수를 증가시킬 수밖에 없다. 암컷의 이상적인 생활 방법은 교미해서 낳은 알이나 새끼를 수컷에게 맡겨 두고 많은 알을 낳는 것이다. 그러나 암컷이 새끼에게 투자하는 것은 난자에 양분을 저장하는 형태로 나타나고, 그 후에도 수정된 알이나 새끼를 부양하는 형태로 나타나기 때문에 암컷의 투자량은 항상 수컷보다 크다. 따라서 암수의 번식 성공도를 판단할 때 대개는 수컷이 암컷보다 번식 성공도가 항상 높을 것으로 생각하게 된다.

그러나 태어난 새끼의 유전자 관점에서 볼 때, 체내수정을 하는 조류에서 암컷이 낳은 새끼는 반드시 자신의 유전자라고 확신할 수 있

ⓒ김창회

그림 3-2. 원앙 암컷과 수컷

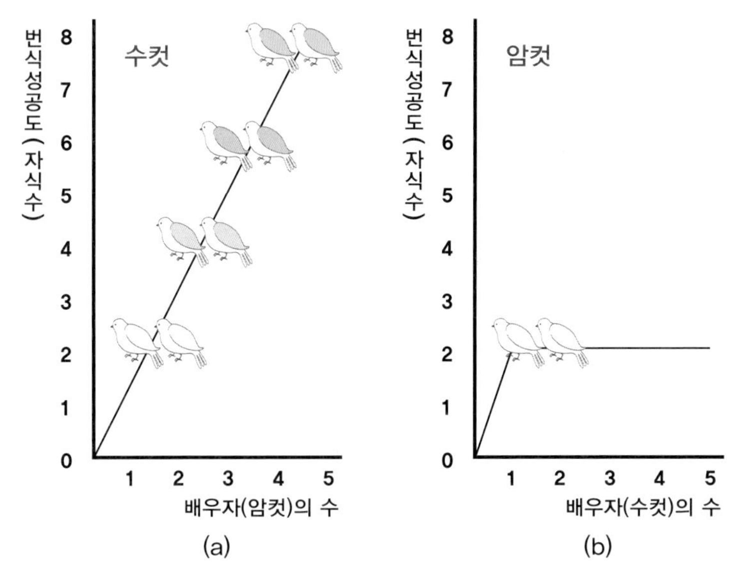

그림 3-3. (a) 수컷은 배우자가 많으면 많을수록 많은 자식을 남기지만, (b) 암컷은 배우자가 많아지더라도 자식의 수는 제한된다(Trivers 1985에서 변경).

지만, 수컷은 어떤 암컷과 교미를 했다고 해서 그 새끼가 자신의 유전자라고 확신할 수 없다. 수컷에게는 항상 새끼에 대한 부성자신이 아비라는 것의 불확실성이 존재하기 때문이다. 그리고 암컷은 배우자를 선택할 때 수컷의 의도와는 달리 자신의 의지로 수컷을 선택하기 때문에, 자식 수에 대한 제한을 좋은 유전자 또는 확실한 자신의 유전자 획득으로 극복한다.

동물은 어느 쪽의 성이 다른 쪽의 성보다도 투자를 많이 하면, 투자량이 적은 쪽은 투자량이 많은 쪽과 교미하기 위하여 지속적으로

©김창회

그림 3-4. 새끼를 돌보는 암컷 원앙

경쟁하기 때문에 암컷과 수컷은 서로 다음 세대에 자신의 유전자를 최대한 많이 전달하기 위해 불편한 관계를 유지하며 살아간다.

앞에서 언급한 것처럼, 암수 간의 대립은 암컷과 수컷의 기본적인 차이인 배우자의 수나 선택, 수정란의 영양분 확보, 알이나 새끼 부양에 의한 것이다. 이러한 암수의 대립은 서로 협력한다는 방향으로 해결되기보다 어느 한쪽 성에 의한 다른 쪽 성의 착취라는 형태로 결론이 난다. 암컷과 수컷은 각자 자기 자신의 번식 성공도를 최대로 하려고 선택되어 왔기 때문에 언제나 한 성은 상대의 성에게 희생을 강요하도록 행동한다. 일반적으로 암컷은 자식을 키우기 위하여 모든 것을 투자하지만, 수컷은 대부분을 교미하기 위하여 투자한다. 수컷은 경쟁을 통해서라도 희소 자원인 암컷을 손에 넣기 위해 노력한다.

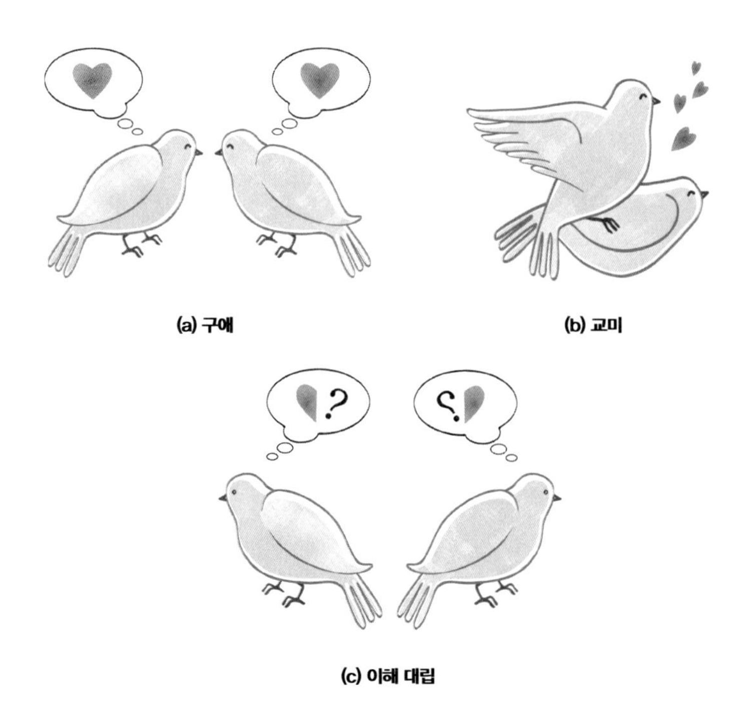

그림 3-5. 암수 간에는 각자 자신의 유전자를 최대로 하기 위하여 (a) 구애, (b) 교미, (c) 이해 대립이 일어난다.

새들의 다양한 혼인 제도

자연계에서 동물의 혼인 제도는 자신의 번식 성공도를 최대로 하기 위하여 경쟁하는 개체 행동의 산물이다. 동물에게 혼인 제도는 개체가 교미 상대를 획득하기 위한 수단을 말하며, 한 성이 교미 상대를 어떻게 획득할까 또는 어떤 개체와 교미를 할까에 초점이 맞춰져 있다. 동물의 혼인 제도는 암컷과 수컷이 결합하는 특징이나 새끼를 부양하는 형태에서 사용되며, 암컷 또는 수컷의 분산이나 암수의 이해 대립에 의해서 다양하게 나타난다. 종간에서 나타나는 혼인 제도의 차이는 생리적인 제한 요인 및 생태적인 차이와 관계가 있다.

체내수정이나 젖을 분비하는 동물은 암컷이 새끼를 부양하는 반면에, 체외수정을 하는 동물은 수컷도 새끼 부양에 참여한다. 예측하기 어려운 환경 변화에서 어류는 수컷과 암컷 중 어느 한쪽이 새끼를 부양한다. 질이 좋은 먹이가 모여 있는 장소나 둥지를 틀 좋은 장소를 방어하는 수컷은 많은 암컷을 획득할 수 있지만, 세력권 내에 빈약한 자원을 가진 수컷은 암컷을 획득하지 못한다. 꿀길잡이새 수컷은 꿀벌의 둥지를 포함한 지역을 세력권으로 설정하여 암컷이 꿀을 먹으러 오면 그 암컷과 교미를 한다. 수컷에게 먹이는 암컷의 성과 교환하는 자원인 셈이다. 꿀길잡이새의 수컷은 꿀벌의 둥지를 많이 확보하면 할수록 많은 암컷을 유인한다.

이미 배우자가 있는 수컷과 교미하는 암컷은 수컷의 자원이나 새끼 부양의 노력이 다른 암컷에도 분배되기 때문에 번식 성공도가 감

그림 3-6. 꿀길잡이새 수컷

소할 수 있다. 일부일처제의 수컷은 모든 시간 동안 암컷과 함께 새끼를 키우지만, 일부다처제의 수컷은 새끼를 키우는 일이 다수의 암컷에게 분배된다.

수컷 간에 세력권 질둥지 장소나 먹이의 양의 차이가 있을 때, 암컷이 빈약한 수컷의 세력권에서 일부일처제로 번식하는 것보다 다른 암컷과 좋은 세력권을 나누어서 많은 새끼를 키우는 것이 이익이 더 크다면 일부다처제가 생긴다. 조류에서 흰어깨멧새의 수컷은 세력권의 좋은 자원을 방어할 때 일부다처제가 생기고, 포유류에서 코쟁이바다표범의 수컷은 암컷 무리를 잘 방어할 때 일부다처제가 생긴다. 굴뚝새에서 좋은 세력권을 가진 수컷은 두 마리의 암컷을 유인하였으나, 작은 세력권을 가진 수컷은 한 마리 암컷을 유인하였거나 독신이었다. 블랙버드에서도 둥지를 틀기에 적합한 식생이 포함된 세력권을 가진 수컷이 많은 암컷을 유인했다.

수컷이 보유한 세력권의 질은 유인된 암컷의 수에 따른 수컷의 번식 성공도에 영향을 준다. 조류나 포유류에서 암컷과 교미를 최대로 하는 수컷이 많은 이익을 얻었다. 따라서 혼인 제도에 영향을 주는 생태적인 요인은 수컷이 어떻게 암컷에게 접근하여 교미를 할 수 있는가 하는 환경적 요인과 관계가 있다. 수컷은 암컷 자체를 보호하거나 암컷이 필요로 하는 중요한 자원을 지키면서, 다수의 암컷들이 자신의 세력권을 방문했을 때 교미하여 번식 성공도를 증가시킨다. 수컷이 제한된 암컷이나 세력권을 방어해야 할지 말지에 대한 결정은 시간적, 공간적 분포와 관련된 경제성에 좌우된다. 만일 수컷이 패치상으로 분포하는 암컷이나 세력권을 간단하게 방어할 수 있다면 일부다처제가 생기고, 암컷이나 그 밖의 자원이 균등하게 분포하면 한 마리의 수컷이 다수의 암컷을 획득하기 어렵다.

동물의 혼인 제도는 어떤 시점에서 성적으로 성숙한 수컷 수와 성적으로 교미가 가능한 암컷 수의 비比에 의해 결정되는 경우가 많다. 만일 다수의 암컷이 동시에 수컷의 교미를 받아들이면 수컷이 1회의 교미를 끝냈을 때 다른 모든 암컷도 교미가 끝나기 때문에 일부다처제가 생길 가능성은 거의 없다. 두꺼비는 암컷이 모두 1주 이내에 알을 낳기 때문에 번식기가 끝나기 전 수컷은 단지 한두 마리의 암컷과 교미를 할 수밖에 없다. 이와 달리 암컷이 어떤 기간에 연속적으로 교미가 가능하다면 일부다처제가 될 가능성이 높다. 황소개구리는 암컷이 수주에 걸쳐 연못에 와 산란하기 때문에 번식기가 길다. 그래서 가장 좋은 산란 장소를 가진 수컷은 1회의 번식기에 6마리의 암컷과 교미를 했다.

동물의 혼인 제도에 일부일처제나 일부다처제보다는 드물지만 일처다부제도 존재한다. 교미 횟수의 증가에 따른 수컷의 이익이 암컷보다 큰데도 불구하고 수컷과 암컷의 행동이 반전되어 암컷들이 다수의 수컷을 얻으려고 서로 경쟁하는 조류가 있다.

북극의 툰드라에서 번식하는 흰꼬리좀도요와 세가락도요는 일반적인 종과 다름없이 수컷이 세력권을 방어한다. 수컷의 세력권 내에서 암컷이 한배의 알을 낳으면 수컷이 포란하고, 암컷은 다른 한배의 알을 낳아 자신이 포란한다. 한배의 알은 수컷이 키우고 다른 한배의 알은 암컷이 키우기 때문에 그 쌍은 1회에 두 배의 새끼를 키운다. 이것은 번식 기간이 아주 짧고 비교적 생태계의 생산력이 큰 지역에서 번식하는 데 적합한 전략이다. 이곳에는 먹이인 곤충이 많기 때문에 암컷은 짧은 기간 동안 연속적으로 두 배분의 알을 만들 수 있다. 만일 먹이의 양이 증가해서 암컷이 두 마리보다 많은 수컷과 순차적으로 교미하여 산란 횟수를 증가시키면 일처다부제가 된다.

그림 3-7. 세가락도요

반점도요의 암컷은 수컷에 비하여 20% 정도 크고, 마치 산란 공장처럼 산란을 한다. 한 마리의 암컷은 4일간에 5회로 총 20개의 알을 낳는다. 암컷은 많은 알을 낳는 능력이 있기에 찾을 수 있는 수컷의 수에 의하여 번식 성공도가 결정되고, 이에 따라 포란하고 육추하는 수컷을 얻기 위하여 서로 투쟁한다.

호사도요는 번식기에 암컷이 수컷보다 화려하고 아름답다. 번식기에 암컷은 수컷에게 양쪽 날개를 펼치면서 과시행동 및 구애 행동을 하여 교미를 요구한다.

이와 더불어 2~3회 교미가 이루어지면, 함께 채식을 하면서 시간을 보내다가 암컷은 조잡하게 만들어진 둥지에 4개 정도의 알을 낳

ⓒ연합뉴스

그림 3-8. 호사도요 암컷(좌상)과 수컷(우하)

는다. 암컷은 산란이 끝나면 다시 큰 소리를 내서 다른 수컷을 찾고, 새로운 수컷과 교미하여 둥지에 산란한 후 또다시 다른 수컷을 찾기 시작한다. 이렇게 암컷과 교미를 한 수컷들은 암컷이 산란한 자신의 둥지에 앉아 포란을 시작한다. 포란 후 부화가 되면 새끼를 데리고 다니면서 먹이를 찾아 준다. 암컷의 번식은 교미하여 둥지에 알을 낳는 일이 전부이며, 그 다음의 모든 일은 수컷이 담당한다. 대부분 호사도요가 번식하는 동남아시아, 아프리카의 습지는 주요 먹이가 되는 수서곤충, 소형 연체동물, 환형동물이 번식기의 짧은 기간에 많이 발생하기 때문에, 그동안에 새끼를 키워야 번식 성공도를 높일 수 있다. 그래서 이 종은 암컷이 한배의 새끼 수에 연연하는 것보다 여러 수컷이 각각 자신의 새끼를 부양하는 것이 어느 성에게도 좋은 번식 전략이라고 할 수 있다.

수컷과 암컷 간의 이해 대립은 개체의 번식 성공도를 최대로 하려는 혼인 제도에서 나타난다. 일부다처제에서 알락딱새 수컷의 번식 성공도는 제1암컷(본처)과 제2암컷(후처)의 번식 성공도를 합한 것이기 때문에 일부일처제의 수컷보다 높다.

일부다처제는 암컷이 기혼의 수컷을 배우자로 선택하거나 수컷이 암컷을 이용하여 이익을 얻으려고 하는 경우에서 나타난다. 알락딱새의 암컷은 일단 수컷에게 매료되면 둥지에 알을 낳기 때문에 수컷은 다른 장소로 이동하여 다른 암컷을 유인한다. 수컷은 제2암컷과

그림 3-9. 알락딱새 수컷

교미를 한 후 둥지에 알을 낳으면 제2암컷을 버리고 제1암컷에게로 간다. 제2암컷은 다른 독신의 수컷과 교미하여 산란하는 것은 시기적으로 너무 늦기 때문에 혼자서 새끼를 키운다. 알락딱새의 수컷은 자신이 기혼자라는 것을 암컷이 알아차리지 못하게 하고 일부다처제로 혼인할 가능성이 높다. 알락딱새의 제2암컷은 수컷의 도움 없이 혼자서 새끼를 부양하기 때문에 쌍을 이루지 않은 수컷을 배우자로 선택한 것보다 번식 성공도가 낮다. 만일 알락딱새의 제1암컷을 제거하면 수컷은 어린 새끼를 키우는 제2암컷을 돕는다. 제2암컷의 번식 성공

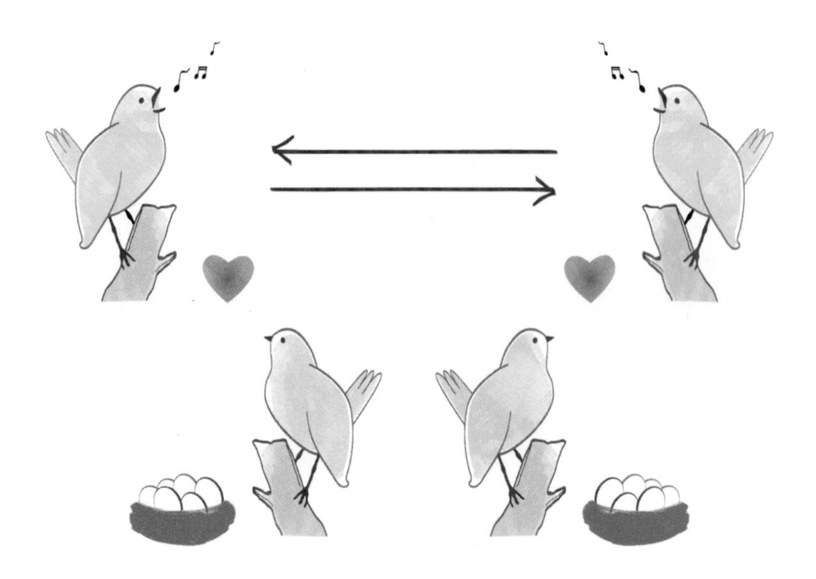

그림 3-10. 알락딱새의 수컷은 한 지역에서 암컷과 교미하고 암컷이 산란하면 다른 지역으로 이동하여 다른 암컷과 교미하고 암컷이 산란하면 본래의 암컷에게 돌아가 새끼를 키운다(Alatalo 등 1981에서 변경).

도가 암컷의 질에 의한 것이 아니라 수컷의 협조 부족에 따라 저하되었다면, 제2암컷의 번식 성공도는 제1암컷과 동일한 수치로 보상받아야 한다. 즉, 제2암컷은 일부일처제의 암컷으로부터 태어난 아들보다 더 매력적인 아들을 낳아서 차후 세대에라도 많은 자손을 남겨야 한다.

유럽바위종다리의 혼인 제도는 개체군 내에서 개체 간의 대립에 의하여 일부일처제, 일부이처제, 일처이부제, 난혼제*의 다양한 형태로 나타난다.

일부일처제는 한 성이 다른 성을 이용하여 서로 이익을 얻으려 할 때 일어나는 것이 아니다. 일부일처제는 한 마리의 암컷과 한 마리의

그림 3-11. 유럽바위종다리

수컷이 교미를 하고 새끼를 부양하기 때문에 각각의 성이 얻는 이익은 동일하다. 일부다처제는 암컷의 번식 성공도가 일부일처제의 암컷보다 낮으며, 수컷이 암컷을 이용하여 이익을 얻으려고 할 때 일어난다. 일부이처제에서 우위의 암컷이 수컷을 자신의 소유라고 선언하면서 열위의 암컷을 쫓아내려고 하면, 수컷은 암컷 간의 싸움을 잘 조정하여 암컷의 번식 성공도보다 두 배의 이익을 얻는다.

한편 암컷이 수컷들을 이용하여 이익을 얻으려 할 때는 일처다부제가 일어난다. 일처다부제의 암컷은 수컷을 만난 후에도 다른 수컷

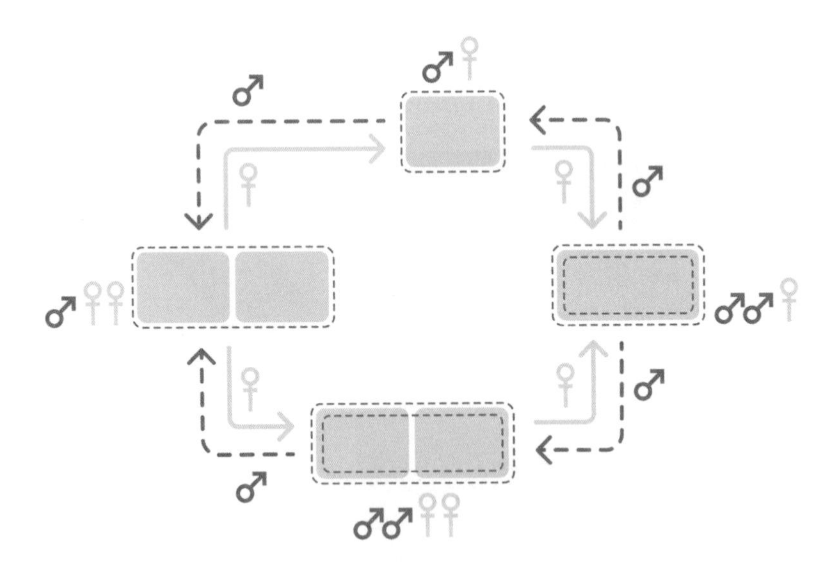

그림 3-12. 유럽바위종다리는 개체 간의 대립에 의하여 다양한 혼인 제도가 나타난다(Davies 1992에서 변경).

을 유혹하여 교미를 한다. 이때 암컷은 두 마리 수컷의 부성을 받으며, 수컷의 번식 성공도는 암컷의 절반에 불과하다. 우위의 수컷은 열위의 수컷을 쫓아내려고 하고, 암컷과의 교미를 방해한다.

난혼제도 일부일처제처럼 한 성이 다른 성을 이용하여 서로 이익을 얻으려 할 때 일어나는 것은 아니다. 난혼제는 우위에 있는 수컷이 두 마리 암컷을 모두 자신의 것이라고 선언하면서 다른 수컷을 쫓아내지 않거나, 반대로 우위에 있는 암컷이 두 마리의 수컷을 자신의 소유라고 선언하면서 다른 암컷을 쫓아내지 않을 때 나타난다.

유럽바위종다리의 혼인 제도는 배우자를 독점하려는 개체의 능력에 의해 좌우된다. 이러한 성의 갈등에서 어느 쪽이 이길지는 배우자를 독점하려는 경쟁 능력과 먹이 분포의 차이에 좌우되며 이에 따라 여러 가지 혼인 제도가 나타난다.

암컷이 수컷보다 새끼에게 많은 투자를 하는 것과 전 개체군에서 암수의 성비를 동일하게 유지하려는 것은 암컷을 차지하기 위한 수컷 간의 경쟁에서 비롯되었다. 여기서 수컷은 다른 수컷을 이기기 위한 잠재적 비용이 많이 들기 때문에 배우자를 획득하려는 선택압이 강하게 작용한다. 경쟁은 보통 암컷의 가임 기간이 되었을 때 가장 심하게 일어난다. 여기서 어떤 수컷이 다른 수컷과의 경쟁에서 이기고 교미 성공도를 증가시켜서 번식을 통해 자손을 많이 퍼뜨리기 위해서 작동하는 두 가지 선택이 있다. 하나는 암컷과 수정할 기회를

그림 3-13. 칡때까치의 육추

얻으려는 수컷 간의 직접적인 투쟁이 일어날 때 수컷이 이 경쟁력을 높이려는 선택동성 내의 선택이고, 다른 하나는 수컷이 암컷을 유인하는 능력을 높이려는 선택이성 간의 선택이다. 이 두 가지 선택은 대부분 동시에 일어나며, 이는 성선택*의 핵심적 요소라고 할 수 있다.

암컷과 수컷이 함께 새끼를 양육하는 조류의 일부일처제는 암수가 기여하는 비율이 비슷하기 때문에 성선택은 약하게 작용한다. 암수 모두 자식 부양 노력이 강하고 짝짓기 노력이 약하다. 암수가 교미를 한 후, 일부의 종은 어느 한 성이 부양을 담당하지만 대부분의 종은 암수가 둥지 틀기, 포란, 육추에 참여한다. 그리고 동일한 수의 수컷과 암컷이 동시에 번식 가능한 상태가 되거나 일부의 수컷이 다수의 암컷을 독점할 수 있는 기회가 감소되어도 성선택의 강도는 낮아진다. 한편 암컷이 번식 상태에 달하는 시기가 다르면, 일부의 수컷은 시간이 지남에 따라 많은 암컷을 획득할 수 있기 때문에 성선택이 강하게 작용한다. 다시 말하면, 배우자를 찾기 위한 노력이 강하고 자식 부양 노력이 약한 수컷은 일부다처제 특성이 강하게 작용한다.

암컷의 입장에서 볼 때, 암컷은 난자에 양분을 공급하는 만큼 그에 상응하는 보상을 얻을 수 있도록 충분히 주의를 기울여 배우자를 선택해야 한다. 난자는 크기 때문에 암컷이 어떤 원인으로든 이것을 잃어버리면 수컷이 정자를 잃어버리는 것보다 손실이 크다. 수컷이 정자를 잃으면 곧바로 다른 암컷을 찾아서 교미할 수 있지만, 암컷은 난자를 잃게 되면 치명적인 손실을 입게 된다. 그래서 대부분의 암컷은 교미할 수컷을 신중하게 선택해서 자신의 자손이 좋은 유전자를 얻도록 해야 한다. 여기서 말하는 좋은 유전자란 새끼의 생존, 경쟁, 번식 능력을 높이는 유전자를 말한다.

새들이 배우자를 고르는 기준

교미의 기회가 많고 적음은 암컷과 수컷이 서로 다르며, 동일한 성의 개체 간에도 차이가 있다. 암컷이 어느 한 수컷에게 첫 만남에 교미를 허락하는 것은 부담스러울 수밖에 없다. 왜냐하면 암컷은 유전자의 질이 좋은 수컷을 선택할 기회를 얻어야 하고, 그리하여 자신의 유전자가 가급적 우수한 수컷의 유전자와 결합해 차후 세대에 좋은 유전자를 물려주는 것이 자연선택에서 유리하기 때문이다. 이러한 이유로 유전자의 질이 좋은 수컷은 그렇지 않은 수컷에 비해서 배우자를 획득할 기회가 많고 단연 많은 자식을 남긴다.

조류는 다산성을 지닌 선조로부터 진화해 왔기 때문에 현생 조류의 수컷은 교미 행동에 기회주의적 경향이 있다고 해도 과언은 아니다. 실제로 일부일처제로 알려진 종일지라도 혼외 교미 행동이 나타난다. 그렇다고 수컷에게 난혼적이거나 강간적인 기질이 있다는 의미는 아니다. 암컷에 비해 수컷은 교미의 기회 앞에서 적극적인 태도를 취하지 않으면 많은 유전자를 남길 수 없기 때문이다.

플로리다에 사는 플로리다덤불어치는 무리 세력권을 가지며, 왕족환경이 좋은 지역에 사는 개체과 평민환경이 나쁜 지역에 사는 개체의 신분이 확연하게 구별된다. 왕족의 수컷은 부모로부터 물려받은 지역에서 번식하기 때문에 신분 변화가 거의 없지만, 왕족의 암컷은 멀리 분산하기 때문에 신분이 낮아질 가능성이 있다. 한편 평민의 수컷은 번식할 만한 장소를 얻기 어려워 번식조차 곤란한 반면에, 평민의 암컷은 왕족의 수컷과

그림 3-14. 플로리다덤불어치류

혼인하여 신분을 상승시킬 기회가 많다. 평민의 암컷이 이루어 낸 신분 변화는 자신의 의지에 따른 성선택과 연관되지만, 평민의 수컷은 신분의 한계로 환경이 좋은 지역에 진입하기 어려운 데다 물려받을 소유지도 없기 때문에 독신으로 사는 경우가 적잖다.

조류의 암컷이 수컷을 선택하는 기준에 대해서는 공작, 꿩, 극락조의 수컷이 우아한 꼬리깃이나 장식깃을 과시하며 암컷을 유혹하는 행동으로 많이 설명되고 있다.

공작의 암컷은 꼬리깃이 짧은 수컷보다 긴 수컷과 교미를 하려고 한다. 공작의 수컷은 새끼를 부양하지도 않을뿐더러 암컷이나 자식을 위해서 세력권을 지키지도 않는다. 단지 교미만 하기 때문에 암컷

그림 3-15. 공작 수컷의 꼬리깃

은 수컷의 유전적 형질을 선택한다고 볼 수 있다. 한 암컷이 꼬리깃이 긴 수컷과 교미한 경우와 꼬리깃이 짧은 수컷과 교미한 경우 중 어느 쪽이 유리할까? 만일 여느 암컷들의 선호성에 따라서 자신도 꼬리깃이 긴 수컷과 교미했다면, 그 후에 생긴 아들도 아비와 닮은 긴 꼬리깃을 가질 것이다. 그 결과 아들도 평균을 웃도는 교미 기회를 얻어서 더 많은 자손을 남길 수 있다. 암컷들 사이에 수컷의 긴 꼬리깃에 대한 선호가 유행하는 까닭은 꼬리깃 자체의 가치와 상관없이 그 선호 태도가 널리 퍼져 있다는 것만으로 그 태도를 따르는 것, 즉 다른 암컷들이 좋아하는 것을 자신도 좋아하는 것이 암컷에게는 유리해서일지도 모른다.

실제로 암컷의 입장에서 수컷의 좋은 유전자 자체는 자식의 생존력과 경쟁력, 번식력을 높이는 데 유익하다. 화려한 꼬리깃이나 장식깃을 가진 종의 수컷은 어려운 여건을 극복해 가면서 암컷의 선호 대상으로 생존해 왔기 때문에 현존하는 개체는 그만큼 생존율이 높을 것이다. 긴 꼬리깃을 가진 수컷은 비행 능력도 좋고, 먹이 탐색 능력도 좋고, 포식자를 피하는 능력도 좋다. 따라서 긴 꼬리깃을 가진 수컷을 선택하는 암컷의 기준에는 수컷의 양호한 건강 상태도 내포되어 있는 것이다. 그리고 이러한 유전적 형질을 지닌 수컷을 선택한 암컷의 자식들도 그 형질은 물려받을 것이다.

한편 수컷의 꼬리는 어느 정도의 길이에서 생존율 저하를 일으키기 때문에 적정 길이에서 발육이 멈춘다. 만약에 암컷이 무작정 꼬리가 긴 수컷을 선호함에 따라 적정 길이보다 꼬리가 긴 수컷을 선택한다면, 자식에게 수컷의 유전적 형질을 물려주는 암컷의 입장에서는 손해를 보는 것이다. 이와 같은 상황에서 수컷의 꼬리 길이와 암컷의 선호성은 손해와 이익이 상쇄되는 평형점에 도달한다.

수컷의 노랫소리 또한 암컷이 수컷 유전자의 질을 평가하고 선택하는 기준으로 작용한다. 월동지에서 번식지로 돌아온 개개비 수컷은 세력권 내에서 짝짓기가 끝날 때까지 지속적으로 노래를 한다. 그

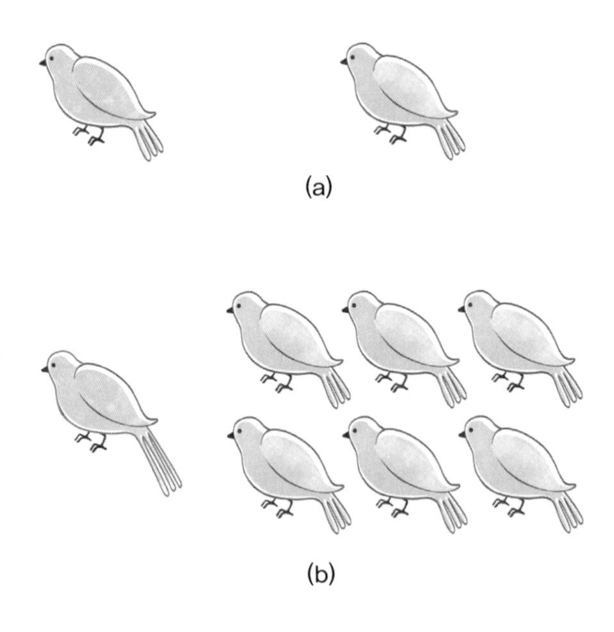

그림 3-16. (a) 꼬리 길이가 짧은 수컷은 암컷의 선호도가 낮고, (b) 꼬리 길이가 긴 수컷은 암컷의 선호도가 높다. 그러나 수컷의 꼬리는 무한대로 길어질 수 없다(Andersson 1982에서 변경).

소리를 측정해 본 결과에 따르면, 가장 큰 소리로 열심히 노래하는 수컷이 가장 빨리 배우자를 획득했다. 수컷의 노랫소리 크기도 암컷이 선호하는 성적 매력의 하나라고 볼 수 있다. 면적이 넓고 환경이 좋은 세력권을 확보한 수컷 또한 다수의 암컷을 매혹시키는데, 이러한 개개비 수컷에게는 다수의 암컷이 세력권 내로 들어와 정착함으로써 일부다처제가 나타난다. 그러나 세력권을 확보하지 못한 수컷은 암컷의 선택을 받지 못해서 독신으로 생활한다.

우수한 수컷의 좋은 유전자를 공유하려는 암컷, 그리고 암컷을 받아들이려는 수컷 사이에는 자기 자신의 투자를 가능한 한 적게 하면서 상대를 이용하려는 각자의 입장이 존재한다. 이러한 두 입장의 결말은 한쪽이 먼저 상대를 버릴 수 있는가 하는 극히 현실적인 문제에 의해 내려진다. 체내수정을 하는 종에서 수컷은 암컷과 교미하여 새끼를 얻은 뒤 암컷을 버리고 새끼 키우는 일까지 암컷에게 강요할 수 있다. 이와 반대로, 암컷은 좋은 유전자를 가진 수컷과 교미를 하고 얻은 새끼를 다른 수컷과 함께 키울 수 있다. 한 둥지에 아비가 다른 새끼유전자가 포함되는 것은 암컷과 수컷 간 이해관계의 대립에 의하여 나타난 결과라고 할 수 있다.

수컷이 자원이나 암컷을 보호하지 않더라도 일부다처제가 존재하는 경우가 있는데, 이러한 경우에 교미의 우선권은 수컷의 서열에 따라 결정된다. 그 예가 레크*lek이다. 레크는 소수의 조류나 포유류의 행동에서 나타나는 공동 구애 장소이다. 그곳에서 수컷들은 서로 과시행동을 하면서 저마다 작은 세력권을 방어한다. 암컷들도 레크에 모여들어 상대를 선택하고 교미한다. 레크에서 짝짓기를 하는 수컷은 자원이나 암컷을 보호하지 않고 새끼도 부양하지 않는다. 레크에서 암컷은 수컷을 마음대로 선택하지만, 암컷들의 선호가 몇몇 수컷에게만 쏠리기 때문에 선택받은 한두 마리의 수컷이 대부분의 암컷과 교미를 한다. 꿩꼬리뇌조가 대표적인 예로, 이들은 번식기가 되면 암수가 레크에 모여들어 교미를 한다.

왜 레크 번식을 하는가? 이에 대해서는 다음과 같은 몇 가지 이유를 꼽을 수 있다. 수컷은 포식자에게 잡아먹힐 위험을 줄이기 위해,

©wikimedia

그림 3-17. 레크에 모인 꿩꼬리뇌조 암컷과 수컷

교미하기에 매력적인 암컷을 얻기 위해, 또 적합한 구애 장소가 제한적이기 때문에, 그리고 암컷이 가장 많이 드나드는 곳에 매춘 장소가 모여 있을 가능성이 있기 때문에 레크에 모인다. 한편 암컷은 수컷들이 많이 모이는 곳을 선호하기 때문에, 교미할 수컷을 용이하게 선택하기 위해, 그리고 포식자에게 잡아먹힐 위험을 줄이기 위해서 레크라는 장소에 모여든다.

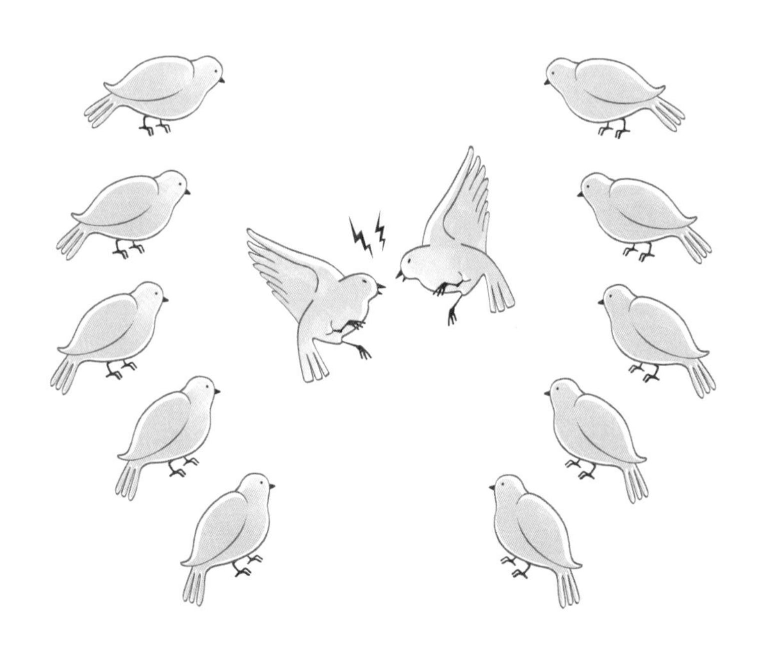

그림 3-18. 수컷 간의 경쟁에서 이긴 개체는 대부분의 암컷과 교미를 한다.

개개비의 배우자 선택

개개비는 중국 남부, 필리핀, 인도네시아 등의 동남아시아와 파푸아 뉴기니에서 월동하고, 봄에 우리나라와 일본으로 찾아와 번식한 후, 가을철에 다시 월동지로 돌아가는 흔한 여름철새이다.

5월이 되면 하천, 호안, 하구의 갈대밭에서 "개-개-" 또는 "개-개-꺄-꺄-" 하는 매우 시끄러운 소리를 들을 수 있다. 수컷은 암컷보다 먼저 도착하여, 2주 후에 도착할 암컷에게 관심을 끌고 새끼를 키울 세력권을 마련하기 위해 매우 분주하게 노래를 한다. 개개비는 1년에 1~2회 번식한다.

개개비 수컷은 동일한 암컷과 함께 일부일처제로 2회 번식하는 경우도 있지만, 어떤 수컷은 암컷이 알을 품기 시작하면, 다시 독신이 된 것처럼 노래를 시작한다. 수컷은 또 다른 암컷 또는 그 이상의 다른 암컷을 만나 일부다처제가 되는 경우도 많다. 일부일처제에서는 수컷이 새끼에게 먹이를 운반하는 일을 약간 돕지만, 일부다처제에서는 각각의 암컷들이 둥지 만들기, 산란, 포란, 새끼에게 먹이를 운반하는 일까지 모두 담당한다.

초봄에 일찍 도래하여 좋은 세력권갈대 밀도가 높고 넓음을 확보한 수컷은 다수의 암컷과 일부다처제로 번식하고, 나쁜 세력권갈대 밀도가 낮고 협소함을 확보한 수컷은 혼인을 못하거나 암컷이 둥지를 만들어 놓고도 수컷이 마음에 들지 않아 사라지기도 한다. 번식을 하더라도 둥지의 알이

그림 3-19. 노래하는 개개비 수컷

그림 3-20. 새끼를 돌보는 개개비

나 새끼는 족제비나 뱀에게 포식되는 경우가 종종 있다. 세력권이 좋고 나쁜 것의 중간 정도의 환경일 경우에는 일부일처제로 번식한다.

그래서 좋은 지역을 둘러싼 수컷 간의 경쟁은 매우 심하게 나타난다. 암컷은 도착하자마자 수컷들이 확보한 세력권이 좋은지 나쁜지, 그리고 노랫소리의 레퍼토리가 다양한지 어떤지 살핀다. 암컷이 수컷을 선택하기 위해 판단하는 척도가 세력권의 질과 다양한 노랫소리이기 때문이다. 먼저 도착한 암컷은 이러한 기준을 가지고 수컷을 선택하여 짝을 이룬다.

그러나 늦게 도착한 암컷은 기혼 수컷의 제2암컷이 될지 아니면 자신의 기준에 미치지 못하는 수컷과 혼인할지를 결정해야 한다. 전자를 선택하면 수컷의 도움이 없이 혼자 둥지를 틀고 새끼를 부양해야 하기 때문에 자식을 많이 남길 수 없지만, 소수라도 아비의 우월한 유전자를 이어받은 자식을 가질 수 있다. 반면에 후자를 선택하면 비록 우월한 유전자를 가진 자식이 아닐지라도 배우자의 도움을 약간 받아 새끼를 부양하기 때문에 제2암컷보다 자식이 많아질 수 있다.

늦게 도착한 암컷 중에는 자신이 놓인 처지를 다른 방법으로 극복하려는 개체도 있다. 기존 수컷과 신혼 둥지를 차리고 보다 우월한 수컷과 혼외 교미를 한다. 이러한 이유로 늦게 도착한 개개비 수컷일수록 남의 자식을 키우는 경우가 많이 나타난다.

한편 외부 형태와 유전자 분석을 통해 여러 지역에 분포하는 개개비 집단의 차이와 교류를 연구한 일이 있다. 먼저 한국, 태국, 베트남, 인도네시아, 일본에 서식하는 개개비의 날개 길이를 비교했다. 한국, 태국, 베트남, 인도네시아의 개개비대륙 개개비는 서로 비슷했으나 일본의 개개비와는 큰 차이가 있었다. 대륙 개개비의 날개 길이는 일본의 개체보다 평균 5mm나 짧았다.그림 3-20

특히, 날개 길이에서 큰 차이3.5mm를 보인 것은 첫째날개깃이었다. 첫째날개깃은 이주 거리에 적응적으로 발달하기 때문에, 한번에 날아서 이동할 수 있는 거리를 예측할 수 있는 중요한 단서이다. 첫째

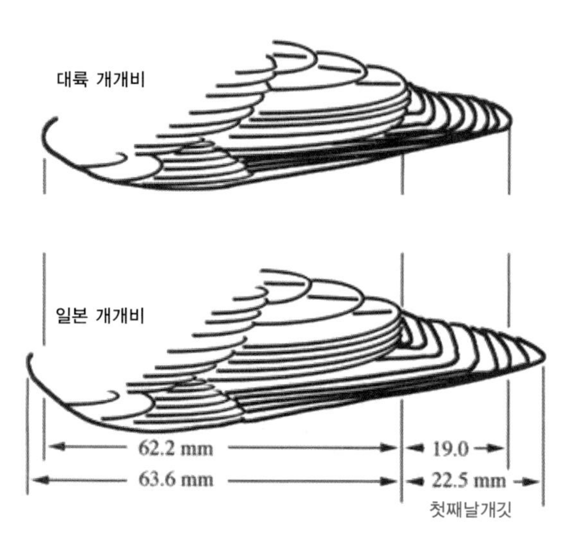

그림 3-21. 대륙 개개비의 날개 길이는 일본 개개비보다 평균 5mm나 짧았다. 특히 첫째날개깃의 길이에서 큰 차이(3.5mm)를 보였다.

날개깃이 긴 일본 개체가 한국의 대륙 개체보다 한번에 더 먼 거리를 날아갈 수 있다는 것을 의미한다.

유전자 분석으로 계통학적 유사성을 비교했을 때, 2개의 계통군인 대륙과 일본으로 나뉘었다. 대륙 간의 개개비 분기 연대는 5만 년, 대륙과 일본의 개개비 분기 연대는 8만 년으로 추정되었다분기 속도는 100만 년에 2% 적용. 개개비의 집단 분기는 10만 년 전의 빙하기와 관련되어 격리된 것으로 생각된다. 일반적으로 동일한 종이 지리적으로 격리되어 많은 시간이 지남에 따라 유전자 교류가 중단되고 생식적 격리가 일어나 새로운 종이 탄생하는 경우가 있지만, 이 경우 종 또는 아종 수준으로 분리될 정도의 차이는 아니었다.

한국에 도래하는 개개비는 태국, 베트남, 인도네시아에서 중국 대륙을 통하여 단거리를 반복해서 이동하기 때문에 날개 길이가 짧고, 일본에 도래하는 개개비는 한국 개개비의 이동 경로와 달리 바다를 통해서 한번에 장거리 이동하기 때문에 첫째날개깃의 날개 길이가 길게 진화된 것이다.

이동 에너지 측면에서 볼 때, 한국에 도래하는 개개비는 동남아시아에서 중국 대륙을 통하여 단거리를 반복해서 이동하는 것이 에너지 비용이 적게 들고, 일본의 개개비는 가까운 남쪽 지역을 월동지로 선택하여 한번에 바다를 통하여 이동하는 것이 에너지 비용이 적게 들 것으로 판단된다. 그래서 일본 개체군은 아마도 필리핀이나 파푸

아뉴기니와 같은 섬을 월동지로 선택했을지도 모른다. 한일 양쪽의 개개비는 각자 오랜 기간 적응하면서 이동 경로를 달리하고 서로 다른 집단 분화의 길로 들어선 것으로 보인다.

한국에 도래하는 개체군은 태국, 베트남, 인도네시아 개체군과 지속적으로 교류가 이루어져 왔으나, 일본에 도래하는 개체군과는 수만 년 동안 이동 경로의 차이라는 장벽에 가로막혀 교류가 거의 없었던 것이다. 그러나 한국과 일본의 개개비가 약간의 유전자하플로타입를 공유하고 있음이 밝혀져 양쪽의 개개비는 수만 년의 침묵을 깨고 최근에 교류를 시작한 것으로 추정된다. 일본의 갈대밭이 급속도로 감소되고 번식지가 파괴되어, 일본 개개비가 한국의 번식지를 찾아와 한국 개체와 번식하고 있을 가능성을 암시한다. 다시 말하면, 한국 개개비는 동남아시아의 태국, 베트남, 인도네시아의 여러 집단과 이미 오래전부터 국제결혼을 하여 다문화 가정을 이루어 왔고, 일본 개개비 집단과는 최근에서야 국제결혼이 이루어지고 있는 것으로 보인다.

성생활에 숨어 있는 전략

한 암컷이 여러 수컷에게 교미를 요구하는 행동은 자연계에서 종종 관찰되는데, 이런 식으로 이루어지는 교미를 난혼적 교미라고 한다. 왜 암컷은 난혼적 교미를 원할까?

교미는 번식하기 위해서 필수 불가결한 행동인데, 암컷이 특별히 난혼적 교미를 하는 이유는 암컷의 입장에서 수지 타산이 맞기 때문이다. 즉, 다른 방식의 교미에 비하여 난혼적 교미를 했을 때 암컷이 얻는 순이익총이익 총비용이 더 크다는 것이다. 예를 들어 암컷이 첫 번째 상대인 수컷과의 교미에서 수정이 이루어지지 않았다고 여겨지면 다른 수컷을 선택해 교미를 또 해야 한다. 이는 자신의 난자가 수정에 성공할 수 있는 보험을 들어 놓는 것이다. 어쨌든 암컷에게는 수정이 이루어질 때까지 정자를 원활하게 공급받을 수 있다는 점에서 다수의 수컷과 교미하는 것이 유리하다. 더욱이 암컷은 난혼적 교미를 통해 정자 경쟁을 일으킴으로써 건강하고 유전자의 질이 좋은 수컷을 선택할 기회를 얻는다. 환경 변화가 심한 경우에는 유전적으로 다양한 새끼를 가지는 것이 유전적으로 균일한 새끼를 가지는 것보다 번식에 유리한데, 다수의 수컷과 교미하여 새끼의 유전적 다양성을 높일 수 있다.

암컷은 수컷에게 직접적인 먹이 자원인 영양물질을 얻고 교미를 허락한다. 이를테면 구애 선물인 것이다. 쇠제비갈매기나 물총새 수컷도 암컷에게 구애 선물을 바치며 교미를 유도한다. 암컷은 수컷의

그림 3-22. 구애 선물 또는 새끼에게 줄 물고기를 잡는 쇠제비갈매기

구애 선물을 장래의 새끼에 대한 아비로서의 투자 능력을 보여 주는 지표로 판단하고 교미를 받아들인다.

곤충의 예를 들면, 각다귀붙이 암컷은 수컷이 바치는 구애 선물의 크기에 따라 교미 시간을 결정하며, 수정되는 난자 수도 이에 비례하여 나타난다. 구애 선물이 작으면 수컷에게 교미 시간을 짧게 주고 선물이 크면 시간을 길게 준다. 각다귀붙이 암컷은 교미 기관을 많은 수컷에게 내어 줄수록 그만큼 많은 선물을 받는 셈이다.

수컷이 새끼의 양육에 기여하는 종에서 암컷은 여러 수컷과 교미하여 양육 투자를 유도한다. 바위종다리는 암컷, 특히 서열이 높은 암컷이 난혼적 교미를 하고 한 둥지에서 새끼를 낳은 후 여러 수컷으로 하여금 새끼에게 먹이를 가져다주도록 유도함으로써 번식 성공도를 높인다. 유럽바위종다리는 일부일처제, 일부이처제, 일처이부제, 이부이처제 등 혼인 제도가 다양한데 그중에서 암컷의 번식 성공도가 가장 높게 나타난 경우는 일처이부제이다.

암컷은 다수의 수컷과 교미하는 행동을 통하여 다양한 이득을 취하지만, 그에 상응하는 비용 또한 치른다. 첫째, 포식압*이 높은 환경에서 위험이 따른다. 예를 들어 교미 전의 암컷에 대한 여러 수컷의 구애 행동은 도리어 포식자의 눈에 띄기 쉬우며, 교미 중에는 기동성이 떨어지기 때문에 여러 수컷과 교미하는 과정에서 미처 포식자를 피하지 못할 수가 있다. 그리고 교미 후에 체력 소모가 많

그림 3-23. 바위종다리

그림 3-24. 바위종다리의 암컷은 무리 내에서 순위가 높은 수컷과 교미를 하려고 한다(Nakamura 1990에서 변경).

은 개체는 포식의 대상이 되기 쉽다. 둘째, 암컷의 에너지 소모가 상당하다. 수컷의 구애를 받아들이고 교미할 때까지의 과정에서, 자신을 차지하기 위한 수컷 간의 투쟁에 휘말리는 와중에, 그리고 선호도가 낮은 수컷들을 회피하거나 차단하는 상황에서 엄청난 시간과 노력이 소비된다. 셋째, 암컷이 전염병에 취약해질 수 있다. 교미는 신체 접촉을 수반하는 행위이기 때문에 다수의 수컷과 교미를 하면 한 마리와 교미를 하는 것보다 병원균이나 기생충이 옮을 가능성이 높아진다. 넷째, 일부일처제인 제비의 경우처럼 암컷이 혼외 교미를 하면 수컷이 새끼를 위한 먹이 공급을 중단하는 불상사가 생긴다. 다섯째, 수컷이 암컷의 총배설강을 반복해서 쪼아 이미 주입된 다른 수컷의 정자를 제거하려 하거나 암컷을 내쫓는 위협을 당할 수 있다.

한편 암컷은 이익을 얻기보다 피해를 줄이려는 목적으로 다수의 수컷과 교미하기도 한다. 어떤 종은 수컷이 암컷의 가임 기간에 매우 민감하게 반응하며 난폭해지는 경향이 있다. 이럴 때 암컷이 수컷의 교미 요구를 거부하면 심한 공격을 받을 수 있어서 교미를 받아들이다가 여러 수컷과 교미를 하게 된다. 이러한 암컷이 새끼를 낳으면 수컷들은 부성에 대한 확신이 약간이라도 있는 새끼에 대해서 직접적인 양육은 안 하더라도 학대하거나 공격하는 행동은 삼간다. 수컷이 새끼를 죽이는 어떤 종은 암컷이 다수의 수컷과 교미함으로써 새끼에 대한 부성을 혼란시켜, 즉 어떤 수컷의 새끼인지 알아채지 못하게 하여 새끼 살해를 방지한다.

한편 조류에서는 혼인 제도가 일부일처제인 종일지라도 한 둥지에 아비가 다른 새끼들이 존재하는 경우가 많이 발생한다. 어찌 된 영문일까? 먼저 조류의 교미 과정을 들여다볼 필요가 있다.

동물의 수컷은 암컷과 교미하여 정자를 주입하면 암컷이 일정 기간 정자를 체내의 저장소에 보관한다. 보관 기간이 가장 긴 동물은 파충류와 곤충으로 3개월 또는 수년이며, 가장 짧은 것이 포유류로 보통 1주 이내이다. 조류는 2주 정도로, 파충류보다 아주 짧지만 포유류보다는 긴 편이다. 이렇게 암컷의 체내에 저장된 정자는 배란 시기에 맞추어 난자에 보내진다.

그림 3-25. 한 둥지 내에 배우자가 아닌 다른 수컷의 새끼가 포함되어 있다.

조류에서 정자는 수컷의 고환에서 만들어져 주름진 긴 관을 따라 총배설강 주위의 저장소에 보관되며, 교미할 때 암컷의 체내에 주입된다. 암컷은 번식기가 되면 수백 개의 난자 또는 난포를 가진 난소알집를 발달시킨다. 난소에서 만들어진 난자 중에서 가장 큰 난자가 난소로부터 떨어져 나온 뒤 정자와 만난다. 수정이 되면 곧 흰자질층이 만들어져 다른 정자의 침입을 막는다. 흰자질이 형성된 수정란은 총배설강이 있는 아래쪽으로 이동하면서 껍데기의 내부와 외부가 형성되며, 다시 아래쪽으로 이동하여 흰자질에 염분과 수분을 공급받으면 칼슘 껍데기가 형성되고 알 색깔이 생긴다. 알의 껍데기와 색깔이 모두 형성되면 총배설강을 통하여 산란된다.

ⓒ연합뉴스

그림 3-26. 꼬마물떼새의 짝짓기

교미를 통해 암컷의 체내에 주입된 정자는 짧으면 15분 이내, 길면 2~3시간에 걸쳐 난소 옆의 저장소에 도달하는데, 산란하기 2주 전에 교미한 수컷의 정자나 하루 전에 교미한 수컷의 정자나 모두 난자와 수정될 가능성이 있다. 따라서 일부일처제로 사는 종이라도 가임 기간에 다른 수컷과 교미를 했다면 한 둥지에 아비가 다른 새끼를 낳을 수 있다. 그리고 암컷의 가임 기간에 수컷의 배우자 방어 행동이 가장 강하게 나타나는 것도 암컷의 행동이 일으키는 이와 같은 상황을 방지하기 위해서이다.

배우자 방어를 철저하게 하는 종은 암컷이 간통을 하거나 다른 수컷에게 강간을 당할 우려가 적어서 교미 횟수가 매우 적다. 하지만 맹금류나 물새류, 그 밖에 집단 번식*을 하는 종처럼 배우자 방어를 하기 어렵거나 거의 하지 않는 새들은 번식기마다 교미 횟수가 수십 내지 수백 회에 달한다. 이는 암컷의 체내에 엄청난 양의 정자를 주입함으로써 다른 수컷과 교미하더라도 정자의 양에서 압도적 우위를 점하려는 전략에서 비롯된 행동이다.

더 건강한 새끼를 낳아서 더 강하게 키워 자신의 유전자가 계속 이어지길 바라는 새들의 행동은 치열하다. 난혼은 물론 혼외 교미, 배우자 방어 등으로 새의 번식을 위한 짝짓기 행동은 복잡하기 짝이 없다. 새들의 행동이 무자비하고 비열하다고 해도 어쩔 수 없다. 이는 인간의 기준에 지나지 않는다.

ⓒ연합뉴스

4

새의 양육과 가족생활

새들이 가족을 떠나는 이유

조류, 포유류, 어류의 수컷은 자신이 직접 알또는 난자을 만들지 않고 암컷이 만든 알을 수정시키기만 하기 때문에 암컷보다 번식 능력이 높다. 수컷의 번식 성공도는 암컷의 수에 의하여 제한을 받기 때문에 수컷은 암컷의 수를 최대로 획득하려고 경쟁하는 것이다. 한편 암컷은 자신의 알또는 난자에 투자를 많이 하기 때문에 배우자를 선택할 때 수컷의 의도와 관계없이 자신의 의지로 수컷을 선택한다.

짝짓기에 대한 투자는 접합 또는 교미를 하는 것만으로 끝나지 않는다. 많은 동물에서 다양한 방식으로 부모가 알을 보호하거나 새끼에게 먹이를 가져다준다. 흰점찌르레기는 암수가 함께 새끼를 부양하고, 붉은큰뿔사슴은 암컷이 혼자서 새끼를 부양하며, 해마류는 수

ⓒ임병훈

그림 4-1. 찌르레기 둥지 내 새끼

컷이 혼자서 새끼를 부양한다.

수컷의 이상적인 생활 방식은 가능한 한 많은 암컷과 교미하고 교미한 암컷들이 모두 각각의 둥지에 머물러 수컷의 새끼들을 부양하는 것이다. 반면에 암컷의 이상적인 생활 방식은 교미해서 낳은 알이나 새끼를 수컷에게 맡겨 두고 더 많은 알을 낳는 것이다. 실제로 수컷과 암컷이 서로 이와 같은 갈등을 해결하려고 할 때 영향을 미치는 요인이 두 가지 있다. 첫째, 분류군이 다르면 생리적인 요인과 생활사에 대한 제한 요인도 다르므로 수컷과 암컷이 새끼를 부양하는 방법도 다르다. 둘째, 새끼를 키우는 일과 배우자의 행동 간에는 비용과 이익에 관계된 생태적인 요인이 작용한다.

조류는 주로 암수가 함께 알이나 새끼를 부양하고, 포유류는 대부분 암컷이 새끼를 부양하며, 어류는 주로 수컷이 알또는 새끼을 부양한다. 이 세 그룹에서 부모가 새끼를 부양하는 방법과 혼인 제도의 차이를 생리적 측면과 생활사에 대한 기본적인 차이로 설명할 수 있다. 여기서 수컷과 암컷은 각자 자신의 번식 성공도를 최대로 하도록 자연선택되어 왔기 때문에 항상 한 성은 상대의 성에게 희생을 강요하도록 행동한다는 생각을 가지고 이해해야 한다.

부양 방법에는 암수가 함께 새끼를 키우거나 포기하는 형태 또는 암수 중 어느 한쪽이 새끼를 키우거나 포기하는 형태가 나타난다. 여기에는 암컷 또는 수컷의 이익과 비용에 관련된 생태적 요인이 작용한다. 어느 한 성이 돌보든 포기하든 어떤 부양 방법을 선택하는 것이 최선인지는 다른 성의 적응된 전략에 의존한다. 만일 암컷이 새끼를 돌보기 위해 머문다면 수컷은 가족을 버릴 것이고, 암컷이 가족을 버린다면 수컷이 머물러 새끼를 돌봐야 한다. 물론 포유류처럼 암컷은 젖을 분비하고 수컷은 젖을 분비하지 않는다는 이유로 암컷이 새끼를 부양하는 경우도 있다. 여기서 수컷과 암컷이 각각 혼자서 새끼를 키우는 경우, 수컷과 암컷이 함께 새끼를 키우거나 키우지 않는 경우에 대한 진화 조건을 알아보자.

포유류는 암컷이 새끼를 부양하도록 운명 지워져 있다. 새끼들은 암컷의 태내에서 긴 기간을 보내야 하기 때문에 그 기간에 수컷은 새끼에게 거의 직접적인 도움을 줄 수 없다. 단지 암컷을 방어하거나 암컷에게 먹이를 가져다줄 뿐이다. 새끼가 태어난 뒤에도 암컷만이 젖을 분비한다. 이렇게 새끼를 부양하는 데는 제한 요인이 있기 때문에 가족을 버릴 수 있는 기회가 수컷에게 먼저 주어진다. 대부분의 포유류는 혼인 제도가 일부다처제이며, 암컷이 혼자서 새끼를 부양하는 것도 그다지 놀랄 만한 일이 아니다. 포유류에서 일부일처제 또는 수컷과 암컷이 함께 새끼를 부양하는 종은 많지 않으며, 이러한 종의 수컷은 먹이를 운반하는 일을 분담하거나식육류 부모가 새끼를 다른 장소로 운반하는 것을 돕는다마모셋. 이러한 점을 생각하면 왜 포유류 수컷도 젖을 분비하도록 진화되지 않았는가가 아주 중요한 문제가 될 수 있다.

일반적으로 조류는 암수가 함께 새끼를 돌본다. 이것은 암컷이 새끼 부양을 하지 않으면서 얻는 이익보다 수컷과 함께 새끼를 돌보면서 얻는 이익이 더 크고, 수컷이 다른 암컷과 교미하여 얻는 이익보다 암컷과 함께 새끼를 돌보면서 얻는 이익이 더 크기 때문이다. 그러나 수컷이 혼자서 새끼 부양을 하면서 얻는 이익보다 다른 암컷과 교미하여 얻는 이익이 더 크고, 암컷이 혼자서 새끼 부양을 하면서 얻는 이익이 새끼 부양을 하지 않으면서 얻는 이익보다 더 클 때는 암컷이 새끼를 키우게 된다. 이러한 경우에는 일부다처제의 혼인 제도가 나타날 가능성이 매우 높다.

새끼를 암컷이 돌보지 않고 수컷이 돌보는 경우도 있다. 이것은 암컷이 새끼 부양을 하지 않으면서 얻는 이익이 수컷과 함께 새끼를 돌보면서 얻는 이익보다 더 크고, 수컷이 혼자서 새끼 부양을 하면서 얻는 이익이 다른 암컷과 교미하여 얻는 이익보다 더 크기 때문에 나타난다. 호사도요 암컷은 각 둥지의 소유자인 수컷과 번갈아 가며 교미하고 산란한다. 그 후의 포란과 육추는 교미를 한 각각의 수컷이 담당한다.

이 새의 번식 지역은 새끼에게 먹일 곤충이 아주 짧은 기간에만 발생하기 때문에 이 시기에 부화하지 않으면 새끼가 성장하기 어렵다.

수컷이 새끼를 돌보는 경우는 어류에서 많이 나타난다. 조류의 부모는 열성적으로 새끼를 부양하지만, 어류의 부모는 단지 알을 지키거나 물을 저어 산소 공급이나 온도를 조절한다. 이런 일은 보통 어느 한쪽의 성만으로도 충분하다. 어류에서 어느 성이 새끼를 부양할 것인가는 체내수정이냐 체외수정이냐에 따라 달라진다. 체내수정을 하는 어류는 대체로 암컷이 새끼를 부양하고약 85%, 체외수정을 하는 어류는 대개 수컷이 새끼를 부양한다약 70%.

조류의 번식 성공도는 부모가 둥지의 새끼에게 먹이를 운반하는 속도에 의하여 제한된다. 부모가 새끼에게 먹이를 운반하는 종에서 부모가 함께 새끼에게 먹이를 운반하는 경우에는 어느 한쪽이 먹이

©연합뉴스

그림 4-2. 물까치의 육추

©최순규

그림 4-3. 수컷이 육추를 하는 호사도요

를 날라다 주는 경우보다 두 배의 먹이를 운반할 수 있다. 그래서 수컷과 암컷이 함께 둥지에 머무르면서 새끼를 부양하면 번식 성공도를 증가시킬 수 있다. 만약 어느 한쪽의 성이 상대를 버리면 둥지를 떠나는 새끼 수는 약 절반이 되고, 그 개체가 새로운 배우자나 둥지를 틀 장소를 찾아서 다시 번식을 시작할 때까지는 어느 정도의 시간이 소요된다. 따라서 조류는 수컷과 암컷이 일부일처제로 함께 새끼를 부양하는 것이 당연하다. 장기간에 걸쳐 배우자 관계를 유지하고 번식하는 해조류인 세가락갈매기나 맹스슴새의 쌍은 이혼하여 새로 형성된 쌍보다 번식 성공도가 더 높다.

그러나 수컷과 암컷이 함께 새끼를 부양해야 하는 제약이 없을 때

©김창회

그림 4-4. 세가락갈매기

는 보통 수컷이 둥지를 버리고 암컷이 남아서 새끼를 부양한다. 일부다처제의 종은 대부분 과실이나 종자를 먹는다. 이러한 종은 어떤 계절 또는 번식기에 먹이가 아주 풍부하기 때문에 어느 한쪽의 성이 부양하더라도 부모가 함께 부양하는 것과 동등할 정도로 새끼를 부양할 수 있다. 위버새류가 여기에 해당된다.

일반적으로 양서류나 파충류는 암수 모두 새끼를 돌보지 않는다. 이것은 암컷이 혼자 새끼 부양을 하면서 얻는 이익새끼의 생존율보다 암수 모두 새끼 부양을 하지 않으면서 얻는 이익이 더 크고, 수컷이 혼자 새끼 부양을 하면서 얻는 이익보다 다른 암컷과 교미하여 얻는 이익이 더 크기 때문이다. 그러나 조류에서 암수가 모두 새끼를 돌보지 않는 경우는 거의 없다.

그렇다면 새끼 또는 가족을 버리는 일은 왜 일어나는가? 첫째, 수컷은 암컷보다 먼저 새끼를 버릴 기회를 갖기 때문이다. 예를 들면, 체내수정을 하는 동물의 암컷은 몸속에 새끼를 가지고 있고 새는 수정된 알을 낳아 새끼를 부양해야 하기 때문에 이를 버릴 수 없다. 체내수정을 하는 종에서 상대를 버릴 기회는 수컷이 암컷보다 우선이다. 그러나 암컷이 먼저 알을 낳고 수컷이 정자를 방출하는 체외수정은 이와 반대이다.

둘째, 수컷이 결혼한 상대나 새끼를 버림으로써 암컷이 새끼를 버리는 것보다 더 많은 이익을 얻을 수 있기 때문이다. 체내수정을 하는 종에서 왜 수컷이 가족을 버리는가? 수컷은 암컷이 가진 새끼에 대해서 자신이 친부임을 확신할 수 없기 때문이다. 그러나 이것은 수컷이 가족을 버리는 결정적 요인은 아니다. 왜냐하면 수컷이 가족을 버리고 다시 배우자를 찾더라도 자신이 친부일지 아닐지에 대한 확률은 여전히 동일하기 때문이다. 따라서 수컷은 어느 한곳에 머무르면서 얻는 번식 성공도가 가족을 버리고 얻는 번식 성공도보다 더 높은 경우에는 가족을 버리지 않을 것이다.

끝으로 어느 한 성이 새끼를 부양하는 것은 태아와의 친밀성과 관계가 있다. 예를 들면, 체내수정을 하는 종의 암컷은 태아와 관계가 밀접하다. 체내수정에서 암컷이 새끼를 돌보는 것은 진화 전략에 따라 태아나 알을 보유하고 있기 때문이며, 반대로 체외수정은 암컷이 수컷의 세력권 내에 산란하기 때문에 수컷이 새끼와 더 밀접한 관계가 있다.

양육에서 나타나는 성차별

알에서 부화한 새끼를 양육하는 시기가 되면 보통 새끼에게 향한 부모의 행동이 일방적이며, 역으로 새끼가 부모의 행동을 조종하는 경우는 거의 없다. 이 시기에 부모는 여러 가지 방법으로 새끼의 장래 행동 및 전술에 영향을 줄 수 있다. 부모가 먹이 조건을 변화시켜서 새끼의 몸 크기를 변화시킬 수 있으면 그 후 새끼의 양육에 대한 전술도 실질적으로 변화시킬 수 있다.

예를 들어 개개비는 개체군 내의 성비가 암컷에 편중되어 있으면 부모는 수컷에게 먹이를 많이 주고, 성비가 이와 반대일 경우에는 암컷에게 먹이를 많이 주어 성비가 적은 쪽에 투자를 많이 한다. 왜냐하면 자연선택에서 성비는 일반적으로 많은 쪽의 성보다 적은 쪽의 성에 유리하게 작용하기 때문이다. 그래서 개개비의 부모가 개체군 내에서 적은 성을 가진 새끼에게 투자를 많이 하여 자신의 포괄 적응도를 최대로 하려는 전략은 당연한 일이다.

그렇다면 개체군 내의 성비는 어떻게 조절될까? 자연계에서 부모는 수컷 새끼를 많이 낳는 것이 좋을까, 아니면 암컷 새끼를 많이 낳는 것이 좋을까? 이에 대한 설명은 다음과 같다.

만일 한마리의 수컷이 수십 마리의 암컷과 교미하여 많은 난자를 수정시킬 수 있다면, 수컷의 비율이 암컷보다 많아져야 당연하다고 여길 수 있다. 그러나 수컷이 이처럼 행동하고 있는 자연계라 할지라도 수컷과 암컷의 성비는 거의 비슷하다. 1마리의 수컷과 10마리의 암컷이 있는 개체군을 생각해 보자. 이론적으로 수컷은 암컷에 비하여 10배의 번식 성공도를 얻는다. 그렇게 되면 부모는 수컷 새끼를 낳는 것이 유리하고, 암컷 새끼를 낳는 것은 불리하게 작용할 것이다.

이번에는 반대의 경우를 생각해 보자. 만일 10마리의 수컷과 1마리의 암컷이 있는 개체군을 생각해 보면, 1마리의 암컷은 자신의 유전자를 남길 수 있지만 수컷은 교미를 한 개체만 유전자를 남기게 된다. 결국은 개체 수가 적은 쪽의 성이 항상 이익을 얻기 때문에 적은 쪽 성의 새끼를 많이 낳는 부모가 항상 유리하게 된다. 우리나라에서 여름철에 도래하여 갈대밭에서 번식하는 개개비는 부화한 새끼에게 먹이를 공급할 때, 개체군의 성비에 따른 이익 불균형에 대해서 적절

ⓒ김창회

그림 4-5. 먹이를 달라고 조르는 붉은머리오목눈이 새끼들

ⓒ연합뉴스

그림 4-6. 개개비의 육추

하게 대처한다. 개체군 내에 수컷이 부족하면 암컷 새끼보다 수컷 새끼에게 더 많은 먹이를 공급하고, 암컷이 부족하면 수컷 새끼보다 암컷 새끼에게 더 많은 먹이를 공급한다.

부모가 새끼를 번식 연령까지 키우려고 할 때, 수컷을 키우는 것이 암컷을 키우는 것보다 두 배의 투자가 필요하다면 암컷을 수컷보다 두 배 더 낳아야 한다. 암컷 새끼 수가 수컷 새끼 수의 두 배가 되면, 부모가 암컷 2마리와 수컷 1마리에게 각각 투자해서 얻는 이익도 동일하게 된다. 따라서 암컷과 수컷에게 드는 부담이 다르면, 부모의 안정된 전략은 암컷 새끼와 수컷 새끼를 동등한 수로 낳는 것이 아니라는 것을 알 수 있다. 부모가 항상 암컷과 수컷에게 동등한 투자를 하는 것은 아니다.

부모와 새끼 간에 이해관계가 나타나는 경우도 있다. 예를 들어 새끼가 먹이를 달라고 조르는 울음소리와 행동은 자신에게는 먹이 양을 증가시키지만, 둥지의 모든 새끼에게는 포식당할 가능성을 높인다. 새끼의 이기적인 성질이 나타난다면 부모는 새끼 전체를 잃을 수 있다. 다시 말하면, 이타적인 성질은 부모에게 유리하지만 새끼에게 불리하고, 이기적인 성질은 새끼에게 유리하지만 부모에게 불리하게 된다.

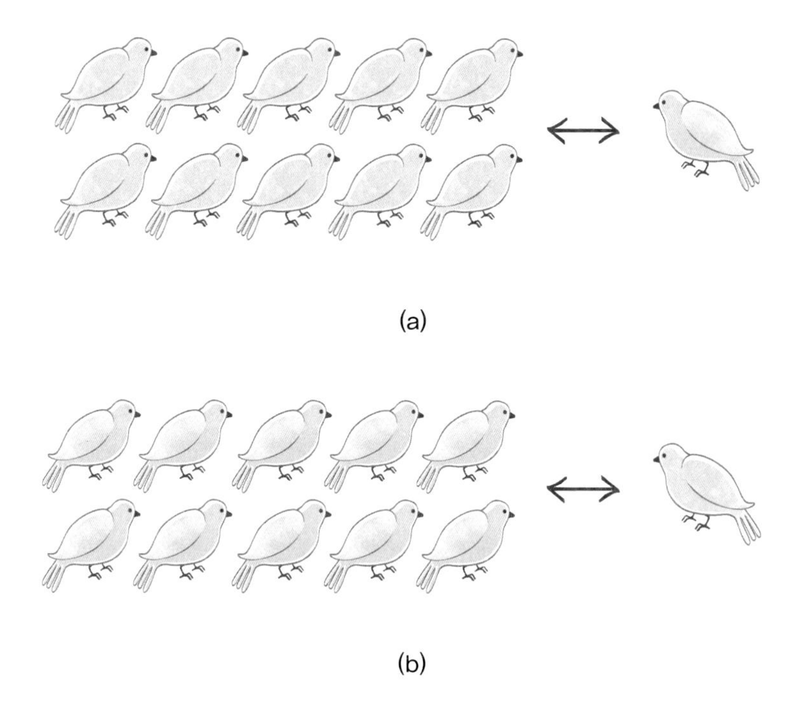

그림 4-7. (a) 수컷이 암컷보다 많으면 암컷이 이익을 얻고, (b) 암컷이 수컷보다 많으면 수컷이 이익을 얻는다. 결국은 개체 수가 적은 쪽의 성이 이익을 얻기 때문에 적은 쪽의 성 새끼를 많이 낳는 양친이 항상 유리하다.

남의 둥지로 입양 보내는 새들

탁란*은 다른 새의 둥지에 알을 낳아 자신의 새끼를 키우게 하는 일을 말한다. 뻐꾸기처럼 다른 종의 둥지에 탁란하는 것을 종간 탁란, 찌르레기나 원앙처럼 동일한 종의 둥지에 탁란하는 것을 종내 탁란이라고 한다.

두견이과 새는 전 세계에 분포하는 127종 중 40%가 둥지를 틀지 않고 남의 둥지에 알을 낳아 포란과 육추를 위탁하는 탁란성이다. 나머지 60%는 지상이나 나무 위에 둥지를 틀고 산란하여 암수가 함께 새끼를 키우는 비탁란성이다.

탁란의 습성은 최소한의 노력으로 최대한 많은 것을 얻으려는 동물의 경제적 행동에서 비롯되었다. 경제적 행동이란 자신이 어떤 이

ⓒ김창회

그림 4-8. 종간 탁란을 하는 뻐꾸기

ⓒ김창회

그림 4-9. 종내 탁란을 하는 찌르레기

익을 얻기 위해서 들인 비용보다 그 행동으로 인하여 얻게 되는 이익을 더 크게 하려는 행동이다. 즉, 이익을 높이고 비용을 낮추면 그만큼 순이익은 커지게 된다. 뻐꾸기가 탁란을 하는 이유는 자신이 둥지를 틀고 자식을 길러서 얻는 이익보다 남의 둥지에 알을 맡겨서 자식을 길러 내게 함으로써 얻는 이익이 크기 때문이다.

탁란을 하는 두견이과 새의 알은 탁란 대상인 숙주의 알과 색깔이 비슷하다. 두견이과 새는 숙주 알이 비슷하지 않으면 거부당하기 때문에 주로 그들이 모방한 숙주 종에 탁란을 한다. 우리나라에 도래하는 두견이과 새로는 뻐꾸기, 벙어리뻐꾸기, 검은등뻐꾸기, 두견이, 매사촌, 큰매사촌, 검은두견이, 검은뻐꾸기, 밤색날개뻐꾸기, 작은뻐꾸기사촌이 알려져 있으나 뻐꾸기를 제외하고는 탁란에 대한 정보가 거의 없다.

뻐꾸기는 5월 한국에 도래하여 탁란을 한다. 우리나라에서 뻐꾸기가 탁란을 가장 많이 한다고 알려진 종은 붉은머리오목눈이이며, 일본에서는 개개비, 쇠개개비, 때까치, 노랑때까치, 검은등할미새, 노랑할미새, 힝둥새, 촉새, 멧새, 물까치 등 30여 종이 있다. 뻐꾸기는 하나의 숙주 둥지에 알을 하나씩만 탁란하며, 5~8월의 번식 기간에 탁란할 둥지를 계속해서 탐색한다. 뻐꾸기 한 마리가 연간 번식기에 20여 개의 둥지를 찾아 탁란을 한다고 알려져 있다. 이처럼 뻐꾸기의 산란 기간은 길기 때문에 교미도 주기적으로 이루어져야 한다. 그래서 뻐꾸기 수컷도 암컷을 유인하여 교미를 하려고 오랜 기간 뻐꾹뻐꾹 노래를 한다.

뻐꾸기는 수컷 한 마리와 암컷 한 마리가 교미하여 번식을 하는 경우도 있지만 대부분 수컷이나 암컷은 결정된 상대가 없이 본래의 짝이 아닌 개체와도 교미를 한다. 암컷은 교미가 이루어지면 이리저리 다니면서 탁란할 둥지를 찾아야 하는데 이때 수컷이 따라다니면 탁란할 종에게 들키기 쉽다. 그래서 수컷은 일정한 지역에 머무르면서 노래를 부르고 암컷이 교미를 필요로 할 때 도움을 준다. 노랫소리를 크게 자주 내면 다른 수컷이 세력권을 넘보지 못하고, 다수의 암컷이 모여들어서 많은 암컷과 교미를 할 수 있다.

어류에서 부모가 알을 보호하고 있는 난괴알 덩어리 사이에 다른 물고기가 알을 낳아 맡기는 현상은 오래전부터 알려져 왔다. 예를 들면, 잉어과의 물고기는 선피시과의 물고기 둥지에 산란하고 떠나면 알이 무거워서 가라앉는다. 일본에서도 잉어과 돌고기가 농어과 꺽저기의 수컷이 보호하고 있는 난괴가 있는 곳에 알을 낳는 것이 확인되었다. 이들의 예에서 탁란을 하는 종들이 모두 자기 자신의 알 또는 새끼를 보호하지 않는다는 공통점을 발견할 수 있다. 따라서 이렇게 탁란하는 종의 알은 숙주의 보호를 받기 때문에 탁란을 하지 않는 종의 알보다 생존율이 증가할 것으로 보인다. 이러한 경우, 탁란하는 측의 부모는 자신의 새끼 양육에 노력 또는 투자를 쏟지 않고도 새끼의 생존율을 높이는 셈이다. 그러면 자신의 알과 다른 종의 알을 맡아서 보호하는 숙주 측에서는 어떠한 이해득실이 있는 것일까?

숙주의 수컷은 번식 세력권인 둥지를 가지고 암컷이 낳은 알을 단독으로 보호하는데, 탁란자의 알이 섞인 둥지의 번식 성공도 또는 알의 생존율이 그렇지 않은 경우보다 더 높게 나타나는 예가 많다. 비혈연 개체인 탁란자의 알이 혼합된 둥지가 유리하게 되는 메커니즘은 두 가지가 있다. 첫째, 비혈연 개체가 들어오는 것에 의해 난괴 또는 무리의 크기가 커져서 숙주의 알 또는 새끼가 포식될 확률이 감소한다. 둘째, 숙주가 자신의 알과 탁란자의 알을 식별하고 탁란자의 알을 포식되기 쉬운 위치인 가장자리에 배치하는 선택적 보호로 숙주의 생존율을 증가시킨다. 이러한 경우에는 탁란자의 알이 혼합된 둥지의 보호 성공률이 높아질 수 있고 탁란자는 보호 성공률이 높은 둥지를 선택하여 알을 맡길 가능성이 있다. 실제로 이와 같은 이익이 없어도 상관없을 것이다. 즉, 숙주는 탁란자의 알이 혼합되어도 새끼 부양에 들어가는 비용이 증가하지 않거나 탁란자의 새끼가 직접적인 공격이나 포식, 간접적인 먹이나 공간을 위한 경쟁으로 손해를 입히지 않는다면 탁란자의 존재는 그다지 문제가 될 것이 없다.

지금까지는 어느 한 종이 다른 종의 둥지에 탁란을 하는 종간 탁란에 대한 이야기였고, 이번에는 동일한 종끼리 탁란을 하는 종내 탁란에 대해서 알아보자. 찌르레기는 일부일처제와 일부다처제의 혼인 제도가 있다. 찌르레기는 보통 하루에 1개의 알을 낳는다. 그러나 어떤 둥지에는 2개의 알이 있다. 이 중 1개는 본래 암컷의 알이지만 나머지는 다른 암컷이 산란한 알이다. 알을 자세히 살펴보면, 같은 암컷이 낳은 알은 외견상 비슷한 모양이다. 이러한 현상은 원앙이나 다수의 수조류에서도 다수 관찰되고 있다.

여기서 탁란을 하는 암컷은 자신의 알이 둥지 소유자의 암컷에 의해 포란·부화·양육되면, 단지 탁란한 것만으로 자신의 유전자를 증가시킬 수 있고 이익을 얻는 것이기 때문에 종간 탁란을 하는 뻐꾸기

그림 4-10. 찌르레기 암컷은 자신의 알을 다른 둥지에 탁란하여 키우게 하고, 이러한 전략을 통해 새끼를 부양하지 않고 유전적인 이익을 얻는다.

가 얻는 이익의 성격과 동일하다. 그러나 뻐꾸기처럼 여러 둥지를 찾아다니며 탁란을 하는지에 대해서는 알려지지 않았다. 대부분의 종내 탁란은 둥지 소유자의 수컷과 교미를 해서 낳은 알이 많다. 즉, 종내 탁란은 제2암컷이 자신의 둥지를 확보하지 못하여 제1암컷의 둥지에 알을 맡겨서 유전적인 이익을 얻는 것이라고 할 수 있다. 그리고 수컷의 입장에서도 다양한 유전자를 확보하는 데 도움이 된다. 만일 제2암컷이 탁란 전략에서 얻는 이익이 자신이 둥지를 틀고 산란하여 새끼를 부양해서 얻는 이익보다 크다면 이 전략은 자연계에 넓게 퍼지게 될 것이다.

뻐꾸기의 탁란 전략

뻐꾸기의 알은 색깔과 무늬가 다채롭다. 이것은 뻐꾸기가 다양한 종의 둥지에 탁란할 수 있도록 변화시켜 온 것이다. 뻐꾸기가 탁란할 때 둥지에 있는 알과 색깔이 비슷한 알을 낳아야 탁란에 성공할 가능성이 높다. 왜냐하면 숙주는 자신의 둥지에 자신의 알과 다른 알이 있다는 것을 알아차리면 그 알을 꺼내 버리거나 둥지를 버리고 다른 장소로 가 버린다. 숙주가 알을 낳기 전에 먼저 알을 낳으면 들키기 쉽고 알을 품기 시작한 후에 탁란을 하면 부화하지 못하는 수가 있다. 그래서 뻐꾸기는 숙주의 둥지를 찾았을 때 대부분 알의 온도나 알의 수로 산란 시기를 가늠하며 탁란을 한다.

뻐꾸기는 탁란을 할 때 자신의 알을 알아차리지 못하게 숙주의 알 한 개를 입에 물고 자신의 알을 낳는다. 숙주의 둥지에 보통 한 개의 알만 탁란하며, 뻐꾸기가 제거한 알은 영양분을 보충하기 위하여 자신이 먹는 경우가 많다. 뻐꾸기 알의 포란 기간은 숙주보다 짧아서 뻐꾸기 알이 숙주의 알보다 먼저 부화한다. 뻐꾸기 새끼가 먼저 부화

뻐꾸기는 숙주의 알을 입에 물고 탁란

붉은머리오목눈이 둥지에 탁란한 뻐꾸기 알

숙주의 알보다 먼저 부화한 뻐꾸기 새끼가 둥지 내의 알을 제거

붉은머리오목눈이가 뻐꾸기 새끼를 부양

그림 4-11. 뻐꾸기의 탁란

하면, 둥지 내에서 닿는 알이나 새끼를 무조건 밖으로 밀어낸다. 이는 본능에 의한 행동이라고 하는데 뻐꾸기 새끼는 숙주의 알이나 새끼를 미리 제거하여 먹이를 독차지한다.

뻐꾸기가 탁란을 가장 많이 하는 숙주 종인 붉은머리오목눈이는 전국의 갈대밭이나 관목 덤불에서 생활하는 텃새로, 예전에는 뱁새라고도 불렸다. 옛 속담에 '뱁새가 황새를 쫓아가다 가랑이가 찢어진다'는 말이 있듯이 황새는 키가 1m가 넘는 큰 새이고, 뱁새는 13cm 정도인 작은 새이다. 붉은머리오목눈이는 겨울철에 큰 무리를 형성하며, 봄과 여름 사이에 갈대나 관목 덤불에서 둥지를 튼다. 붉은머리오목눈이의 알은 청색과 흰색 두 가지이다.

©김창회

그림 4-12. 나뭇가지에 둥지를 지은 붉은머리오목눈이

알 색은 암컷에 의하여 유전되기 때문에 청색 알과 흰색 알이 혼합된 둥지는 없다. 청색 알의 둥지와 흰색 알의 둥지는 한 지역에 분포하며 번식 성공도도 비슷하다. 물론 둥지를 튼 수종이나 산란 시기, 한배산란수, 포란 기간, 육추 기간도 전혀 차이가 없다.

그러나 청색 알 둥지와 흰색 알 둥지의 번식 성공도를 자세히 살펴보니, 둥지 높이에 따라 번식 성공도에서 차이가 나타났다. 40cm 이하의 낮은 높이에 위치한 청색 알의 둥지와 흰색 알의 둥지 사이에는 번식 성공도에 차이가 없었으나, 40~90cm의 중간 높이에 위치한 둥지에서는 둘 사이에 차이가 있었다. 낮은 위치의 둥지는 주로 뱀의 습격을 받는다. 뱀은 눈에 잘 띄는 알 색을 찾아가며 포식하는 것이 아니라, 둥지와 둥지 안의 새를 발견하거나 열 또는 화학물질을 감지하여 포식한다. 그래서 낮은 위치의 청색 알 둥지나 흰색 알 둥지는 동등하게 포식을 당한다. 그러나 중간 위치의 둥지는 청색 알의 둥지가 흰색 알의 둥지보다 번식 성공도가 낮게 나타났고, 높은 위치의 둥지는 이와 반대로 나타났다. 붉은머리오목눈이의 청색 알 둥지는 뻐꾸기의 탁란에 의하여 희생되고, 흰색 알 둥지는 나무 위에서 먹이를 찾는 어치에게 쉽게 포식되었기 때문이다.

우리나라에 도래하는 뻐꾸기의 알 색은 대부분 청색이다. 붉은머리오목눈이의 청색 알 둥지에 뻐꾸기의 청색 알이 들어 있으면 거의 알아차리기 어렵지만, 붉은머리오목눈이의 흰색 알 둥지에 뻐꾸기의

그림 4-13. 붉은머리오목눈이 청색 알

그림 4-14. 붉은머리오목눈이 흰색 알

그림 4-15. 붉은머리오목눈이 알 4개보다 더 큰 뻐꾸기 알

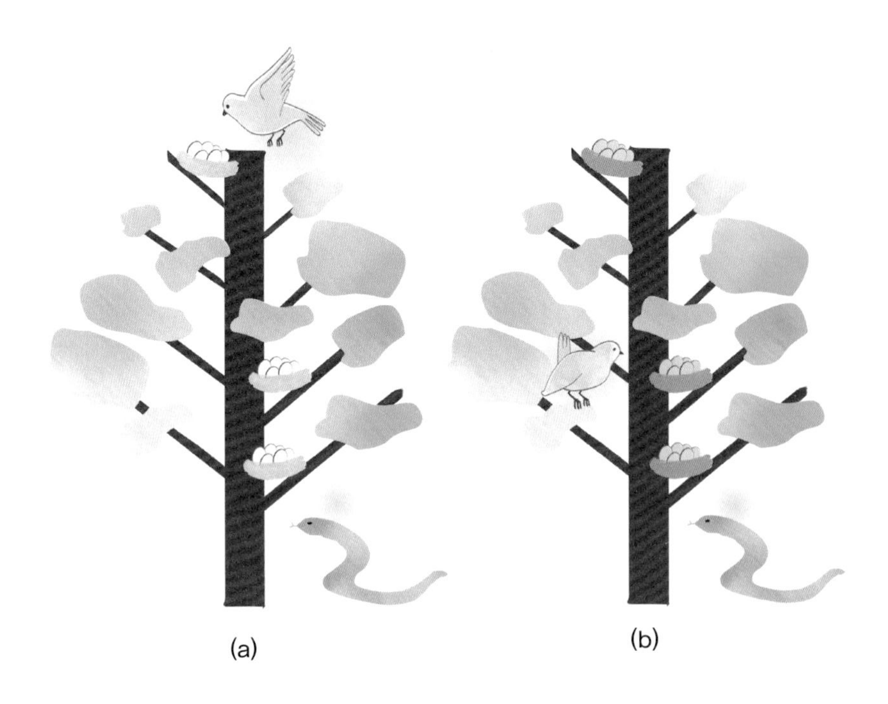

그림 4-16. (a) 붉은머리오목눈이 흰색 알의 높은 둥지는 어치의 눈에 띄어 쉽게 포식을 당하고, (b) 청색 알의 중간 높이의 둥지는 뻐꾸기에게 탁란을 당한다. 흰색 또는 청색 알의 낮은 둥지는 뱀에게 동일한 정도로 포식을 당한다. 그래서 흰색 알과 청색 알 둥지의 번식 성공도는 비슷하다.

청색 알이 들어 있으면 쉽게 알아차린다.

붉은머리오목눈이는 탁란이라는 것을 알았을 때 그 알을 부리로 쪼고 구멍을 내어 제거하거나, 부리나 다리로 굴려 둥지 밖으로 떨어뜨리려는 행동을 한다. 이러한 행동으로 뻐꾸기 알이 잘 제거되면 붉은머리오목눈이는 계속해서 번식을 하지만, 이러한 행동을 하다가 뻐꾸기 알이 제거되지 않고 오히려 자신의 알이 깨지면 둥지를 포기해 버린다. 만일 탁란을 알아차리지 못하고 그대로 자신의 둥지에서 뻐꾸기 알을 부화시켜 새끼를 키우면 큰 손실을 입게 된다. 왜냐하면 뻐꾸기 새끼가 먼저 부화하여 둥지 주인의 알이나 새끼를 모두 둥지 밖으로 떨어뜨려 제거하기 때문이다. 그러면 붉은머리오목눈이는 자신의 새끼는 한 마리도 키우지 못하고 뻐꾸기 새끼만 고생하며 키우게 된다.

뻐꾸기는 숙주의 번식 성공도가 비교적 높은 중간 높이의 둥지에 탁란을 한다. 붉은머리오목눈이의 번식 성공도에 뻐꾸기의 탁란에 의한 번식 성공도를 포함시켰을 때 중간에 위치한 둥지의 번식 성공도는 낮은 위치 또는 높은 위치의 둥지보다 높았다. 이것은 뻐꾸기가 숙주의 번식 성공도가 높은 둥지를 인지한다는 점을 내포하는 것으로, 뻐꾸기의 중요한 번식 전략이라고 볼 수 있다.

한편 붉은머리오목눈이의 흰색 알 둥지는 청색 알 둥지보다 뻐꾸기의 탁란으로부터 받는 영향이 더 작다. 하지만 덤불에서 어치 같은 포식자의 눈에 잘 띄기 때문에 포식률이 높게 나타난다. 청색 알은 흰색 알의 둥지보다 나뭇잎과 잘 어울려 어치와 같은 새의 포식자에게 적게 발견된다. 그래서 붉은머리오목눈이의 전체 번식 성공도는 청색 알과 흰색 알의 둥지 간에 차이가 없었던 것이다. 만일 붉은머리오목눈이가 청색 알만 가지고 있었다면 뻐꾸기의 탁란율은 증가하고, 흰색 알만 가지고 있었다면 어치에 의한 포식률이 증가했을 것이다. 따라서 붉은머리오목눈이의 두 가지 알 색이 존재하는 의미는 뻐꾸기가 청색 알에 대하여 전문적인 탁란자로 진화하는 것을 방지하고 어치가 흰색 알에 대하여 전문적인 포식자로 진화하는 것을 방지하기 위한 방책이었던 것이다. 즉, 청색 알은 어치의 포식에 대한 대항 전략으로 존재하고, 흰색 알은 뻐꾸기의 탁란에 대한 대항 전략으로 존재하는 것이다. 그래서 붉은머리오목눈이의 두 가지 알 색은 일종의 생존 전략이라고 할 수 있다.

뻐꾸기가 탁란 전략을 강화하고 붉은머리오목눈이가 탁란 방지 전략을 강화하는 방향으로 진화해 나가는 과정을 '진화적 군비확장 경쟁'이라고 한다. 이 경주에서 뻐꾸기와 붉은머리오목눈이는 서로 상반되는 전략이 성공적으로 이루어졌을 때 자기 새끼의 생존에 유리하다. 이렇게 두 가지 전략은 상반된 채 밀고 밀리는 경쟁을 지속하기 때문에 쉽게 끝나지 않는다. 비록 뻐꾸기가 붉은머리오목눈이에만 탁란하는 것은 아니지만, 만일 뻐꾸기의 탁란 전략이 완벽하거나 붉은머리오목눈이의 탁란 방지 전략이 완벽하다면 두 종은 존재하기 어려울 것이다. 지금도 두 종은 공존 상태를 지속하며 평형을 유지하고 있으며, 서로 자기 자손을 남기기 위해 벌이는 진화적 군비확장 경쟁 또한 지속하고 있다.

때까치와 찌르레기의 혼외 교미

때까치는 비번식기 동안에 암컷과 수컷이 서로 따로따로 세력권을 형성하여 단독으로 살아간다. 이 시기에는 이전에 함께 번식을 했더라도 서로 자신의 세력권에 들어오면 쫓아버리다 2~3월 번식기가 다가옴에 따라 암컷은 겨울철 세력권을 떠나 방랑하다가 수컷의 세력권을 방문하여 다른 암컷이 있는지 없는지를 살핀 후에 결정한다. 이처럼 때까치의 혼인은 암컷이 수컷의 세력권으로 시집을 오는 형태로 진행되며 일부일처제이다. 암컷은 수컷의 무엇을 보고 시집을 온 것일까? 아마도 암컷은 수컷의 여러 조건수컷의 질이나 세력권의 질 등을 보고 판단하여 선택했을 것이다. 암컷이 방문하면 수컷은 그 옆에서 구애의 춤을 추고 노래를 한다. 때로는 또 다른 암컷이 들어왔다가 먼저 방문한 암컷을 발견하고 수컷의 세력권으로부터 사라지는 경우가 있는 것을 보면, 때까치의 수컷은 먼저 방문한 암컷을 일단 무조건적으로 받아들이는 것처럼 보인다.

그러나 어찌된 일일까? 둥지의 어미와 새끼에 대하여 친자 확인을 한 결과, 10%가 혼외 교미에 의한 것이었다. 일부일처제로 번식하고 관찰에서도 혼외 교미가 발견되지 않았는데 혼외 교미에 의한 자식이 나오는 것을 보면 새의 행동은 복잡하고 불가사의하다.

찌르레기는 여름철새로 1년에 1회 번식을 하지만, 2회 번식하는 개체도 있고, 남의 둥지에 종내 탁란을 하는 암컷도 있다. 주로 일부

©연합뉴스

그림 4-17. 때까치 암수 한쌍

©연합뉴스

그림 4-18. 때까치 육추

일처제이지만 소수는 일부다처제 또는 일처다부제로 번식하기도 한다. 세력권은 둥지와 그 주변의 아주 작은 면적이다. 번식이 시작될 즈음, 수컷들은 다수의 둥지세력권를 확보하기 위하여 치열한 싸움을 시작하며, 암컷도 남의 둥지에서 둥지 재료나 알을 둥지 밖으로 꺼내 버리고 그 둥지를 차지하려고 한다.

연구 사례를 통해 찌르레기의 종내 탁란 양상을 한번 자세히 들여다보자. 나무 위에 인공 둥지를 설치해 놓고 조사한 결과, 찌르레기가 번식을 시도한 11개 둥지 중 5개둥지 ②, ④, ⑥, ⑨, ⑩에서 종내 탁란에 의한 자식이 확인되었다.그림 4-20

그리고 채혈한 모든 개체의 유전자 분석에 의하여 2개 둥지둥지 ②, ③에서 혼외 교미에 의한 자식이 확인되었다. 수컷♂A은 암컷 2마리♀a와 ♀b와 혼인하였고, 각각의 암컷은 둥지 ①과 ②에서 자식을 키웠다. 그러나 제2암컷♀b의 둥지 ②에는 7마리의 새끼가 있었는데 부부간♂A×♀b의 자식은 3마리에 불과했다. 2마리는 수컷♂A과 이웃 둥지 ③의 암컷♀c의 혼외 교미에 의해 태어난 자식이었고, 나머지 2마리는 제2암컷♀b과 이웃 둥지 ③의 수컷♂C의 혼외 교미로 태어난 자식이었다. 다시 말하면, 2개의 알은 이웃 암컷♀c이 수컷♂A과 혼외 교미하고 제2암컷♀b의 둥지에 탁란한 것이고, 나머지 2개의 알은 제2암컷♀b이 이웃 수컷♂C과 혼외 교미 후에 자신의 둥지에 알을 낳은 것이다. 또한 둥지 ③의 암컷♀c은 이웃 둥지 ②의 수컷♂A과 혼

그림 4-19. 찌르레기 인공 둥지

그림 4-20. 찌르레기의 종내 탁란. 산란 3일째 3번과 4번 알 2개가 한 둥지에서 동시에 발견되어 알 모양(3번 알이 다른 알들보다 뾰쪽하고 김)과 친자 확인을 해본 결과 다른 암컷의 알로 확인되었다.

©연합뉴스

그림 4-21. 찌르레기

외 교미를 한 후에 자신의 둥지에 알을 낳아 새끼를 키웠다. 찌르레기 새끼 3마리는 2쌍의 부부가 배우자를 바꿔가며 교미하여 태어난 '스와핑*swapping' 자식이었던 셈이다. 이러한 현상은 생애 자신의 번식 성공도자신의 혈연도 총합를 최대로 하려는 암수의 의도된 속셈또는 술책?이며, 주로 다양한 혼인 제도를 가진 종에서 나타난다.

그리고 둥지 ④에는 이웃 암컷♀e이 수컷♂D과 혼외 교미를 한 후에 탁란하였고, 둥지 ⑤에는 정체가 밝혀지지 않은 암컷♀?이 둥지 소유자 수컷♂F과 혼외 교미를 한 후에 탁란했다. 이 연구로부터 찌르레기의 종내 탁란은 암컷이 이웃의 수컷과 혼외 교미를 한 후에, 자신의

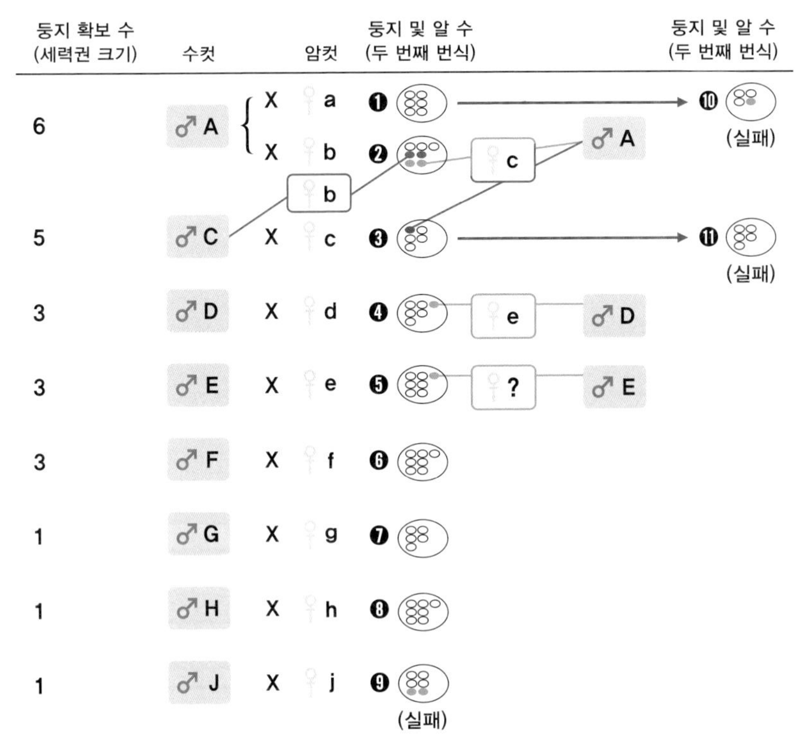

그림 4-22. 찌르레기 수컷의 둥지 확보 수와 친자 확인에 의한 암수의 자식 수. 종내 탁란은 둥지 ②, ④, ⑤, ⑨, ⑩, 혼외 교미는 둥지 ②와 ③에서 확인되었다. 둥지의 흰색은 소유자의 알, 청색 알은 종내 탁란, 적색은 혼외 교미에 의한 알이다.

둥지가 아닌 다른 둥지에 탁란한 것으로 혼외 교미와 같은 맥락으로 볼 수 있다.

또한 힘의 경쟁에서 우위를 나타낸 5마리 중 4마리 수컷또는 3~6개 둥지를 확보은 1~3마리의 암컷과 교미하여, 그렇지 않은 수컷6.67마리보다 유전자가 다양하고 약간 많은 자식7.75마리을 남겼다실패한 둥지 ⑨, ⑩, ⑪은 분석에서 제외.

혼외 교미가 확인된 3마리 암컷♀b, ♀c, ♀e, (♀? 제외)은 2마리 수컷과 교미하여 다른 암컷들과 비슷한 자식 수를 남겼지만, 어쩌면 부부간에 불편한 관계를 유지하면서도 혼외 교미에 의해 다양하고 좋은 유전자를 얻었을 것이다.

동물 사회에서는 암컷이 선호하는 킹카king-card가 존재하는 것은 당연하며, 이것이 진화를 이끌어 온 원동력이다. 찌르레기의 암수도 다양하고 매력적인 배우자의 형질을 후손에게 전달하고, 미래에 자신의 유전자 복제물을 최대한 많이 남기려는 동물의 본능적 행동에 충실한 것이다. 동물에서는 인간 사회에서 말하는 법률상의 혼인뿐만 아니라 사실혼의 내연 관계에 의한 자식 수도 모두 포함되기 때문에, 동물의 행동은 단지 교미에 의해서 특징 지워진다고 해도 과언이 아니다. 또한 암컷이 여러 수컷을 만나 교미를 하는 것은 첫 번째 수컷과의 교미로 난자가 수정되지 못했을 경우를 대비한 보험이 될 수도 있다. 이러한 행동은 암수에서 서로 자신의 유전자를 다음 세대에 잘 전달하려는 조화로운 현상이며, 모두에게 이익이 된다.

새들도 베이비시터를 둔다

새끼가 태어나면 번식 개체가 아닌 다른 개체가 그들을 돕는 경우가 있다. 이러한 개체는 번식 개체의 새끼에게 먹이를 가져다주거나 새끼를 보호하는 행동을 보인다. 이렇게 번식 개체를 돕는 육아 도우미는 배우자나 번식 장소의 부족과 같은 환경적인 제한 요인으로 인해 자신이 직접 번식을 할 수 없는 경우에 나타난다. 도우미가 있는 번식 개체는 도우미가 없는 번식 개체보다 새끼를 많이 남긴다. 왜냐하면 도우미는 포식자가 나타났을 때 신속하게 새끼들에게 경계 신호를 보내거나 무리를 이루어 새끼를 보호하기 때문이다. 이러한 포식자에 대한 도우미의 행동은 새끼의 생존율을 증가시킬 뿐 아니라 번식 개체가 새끼를 키우는 데 드는 비용도 경감시키기 때문에 이듬해 번식기에 번식 개체의 생존율이 높아진다. 번식 개체와 도우미는 혈연관계가 있는 개체혈연자도 있고 혈연관계가 없는 개체비혈연자도 있다.

혈연관계에 있는 도우미는 태어난 장소에 머물러 부모를 도움으로써 유전적인 이익을 얻는다. 이 도우미는 자신의 새끼를 키우지 않고 형제자매, 조카 등 혈연자에게 도움을 줌으로써 자신의 유전자를 늘릴 기회를 얻는다. 다시 말하면, 도우미는 자신의 새끼가 없더라도 혈연자의 새끼가 잘 성장한다면 자신의 유전자도 증가되는 것이다. 도우미는 자신이 충분히 번식할 준비가 되었을 때, 자신이 태어난 지역을 부모로부터 상속받거나 다른 곳으로 분산하여 자신의 세력권을 확립하고 번식을 시도한다. 한 개체의 입장에서 봤을 때 태어난 장소에서 머무르며 도우미가 되는 것, 그리고 처음부터 독립하여 세력권을 확립하고 번식하는 것 중에서 어느 쪽이 유리할까?

자신이 태어난 장소에 머물러 도우미 역할을 하면 어린 개체는 부모 또는 부모의 새끼로부터 유전적인 이익과 번식에 대한 경험적인 이익을 얻는다. 이와 반대로 어린 개체가 이른 시기에 새로운 지역에서 세력권을 찾기 시작하면 다른 개체와의 경쟁에서 밀리거나 포식자에게 잡아먹힐 가능성도 높다. 어린 개체가 번식을 시도할 때 최선의 전략은 다른 개체가 무엇을 하고 있느냐에 따라 결정된다. 즉 태어난 장소를 떠나려고 할 때 어린 개체가 많으면 많을수록 번식 장소를 차지하기 위한 경쟁이 치열해진다. 어린 개체가 자신의 번식을 시도하지 않고 태어난 장소에 도우미로 머무르는 이유는 번식 세력권을 확립할 공간이 부족하여 포식자에게 잡아먹힐 우려가 있기 때문이다.

플로리다덤불어치는 플로리다의 참나무 덤불에 살고 있지만, 이러한 서식지는 그다지 많지 않다. 이 종은 연중 세력권을 가지고 생활하며 번식 쌍의 절반 이상은 도우미를 가지고 있다. 사실 도우미가 세력권을 확보하고 있을 경우에는 태어난 장소에서 부모를 돕는 것보다 자기 자신이 번식하는 것이 유리하다. 그러나 어린 개체가 이른 시기에 세력권을 찾기 시작하면 사망률이 증가하기 때문에 분산 시기를 늦춘다. 그래서 어린 개체가 태어난 장소에 늦게까지 머물러 부모를 도우면 부모의 생존을 증가시킬 수 있고 자신의 유전적인 이익도 증가된다. 더불어 다른 개체를 돕는 것으로부터 번식 경험을 얻을 수도 있다.

플로리다덤불어치 수컷 도우미의 절반 정도는 부모 세력권의 일부를 물려받아 번식을 한다. 수컷은 부모를 도와 부모의 세력권 면적을 확장시켜 나가고, 세력권이 충분히 커졌을 때 그 일부를 분할상속받을 절호의 기회를 얻게 된다. 도우미는 부모를 도와서 자신의 유전자를 증가시키면서 자기 자신이 만족할 만한 넓은 면적의 세력권을 확장하는 일을 돕는 일종의 군대 역할을 하는 셈이다. 하나의

©wikimedia

그림 4-23. 혈연자 도우미를 두는 플로리다덤불어치류

세력권 내에 수 마리의 수컷 도우미가 존재할 때는 서열이 높은 수컷 장남이 우선적으로 세력권을 물려받는다. 수컷 중에서도 가장 나이가 많고 서열이 높은 개체가 가장 열심히 일한다. 한편 암컷 도우미는 형제자매를 키우는 일이나 세력권을 확장하는 일을 돕더라도 번식 세력권을 이어받지 않고 빈 번식 장소를 찾기 위해 멀리 분산하여 배우자를 만난다. 그래서 암컷 도우미는 수컷 도우미처럼 열심히 일하지도 않는다. 다시 말하면, 도우미는 장래 자신에게 환원되는 이익의 양에 비례하여 부모를 돕는다.

도우미는 항상 혈연관계로 이어져 나타나는 것은 아니다. 어떤 도우미는 번식 개체 또는 자신이 돕는 새끼와 전혀 혈연관계가 없다. 난쟁이몽구스는 주행성의 작은 육식성 동물로, 하나의 번식 쌍과 도우미로 구성된 10마리의 무리로 굴을 파서 땅속에서 생활한다.

도우미는 번식 쌍 또는 새끼와 혈연관계가 없는 이입 개체이다. 암컷 도우미는 일반적으로 딱정벌레, 흰개미, 쥐며느리, 노래기와 같은 먹이를 굴 내에 있는 새끼들에게 가져다주거나 다른 종류의 몽구스와 같은 포식자가 침입하지 못하도록 굴 입구를 지킨다. 혈연관계가 없는 도우미는 손위의 형제가 새끼에게 도움을 주는 것처럼 많은 도움을 준다.

혈연관계가 없는 도우미가 번식 개체 또는 새끼를 돕는 것은 혈연관계가 있는 도우미와 달리 유전적인 이익이 전혀 없다. 그럼에도 불

그림 4-24. 비혈연자 도우미를 두는 난쟁이몽구스

구하고 왜 혈연관계가 없는 번식 개체를 돕는가? 그들은 미래에 번식 개체가 되어 자기 자신의 번식 성공도를 증가시킬 수 있는 유일한 기회를 가지고 있기 때문이다. 이 종에서 혈연관계가 없는 도우미, 특히 암컷은 원래 있던 암컷이 죽었을 때 번식 개체로 되는 경우가 많다. 이것은 번식할 기회가 적을 경우에 누군가를 돕는 것에 의해 번식 개체로서의 지위를 획득하려는 전략이다.

난쟁이몽구스가 자신이 번식을 개시할 때까지 방관자로서 기다리지 않고 혈연관계가 없는 개체를 돕는 데에는 세 가지 요인이 있다. 첫째, 다른 개체를 돕는 것은 번식할 수 있는 지위를 기다리는 동안 번식 개체로부터 번식 세력권에 머물 수 있는 허가를 받기 위한 대가이다. 번식 개체의 측면에서 볼 때, 혈연관계가 없는 도우미를 가까운 곳에 머물게 하여 얻는 것이 아무것도 없다면 번식 개체도 도우미들을 쫓아 버릴 것이다. 둘째, 돕는 것은 무리와 세력권을 온전히 유지하는 것과 관련이 있다. 이 무리와 세력권이 잘 유지되면 도우미가 번식할 수 있는 지위를 손에 넣었을 때의 번식 성공도에도 큰 영향을 미칠 것이다. 셋째, 도우미에 의하여 키워진 몇 마리의 새끼는 후에 자신이 그 무리에서 번식 개체가 되었을 때, 자신과 혈연관계에 있든 없든 간에 도와줄 것이다. 돕는 것은 장래의 번식 성공도를 위한 장기적이고 이기적인 투자이기 때문이다. 이와 비슷한 도우미는 아네모네피시에서도 나타난다. 이 어류의 번식 쌍은 번식을 성공시키기 위하여 중요한 자원인 아네모네(산호류)를 보호하며, 때때로 비번식 개체도 번식 쌍을 도와서 아네모네를 보호한다. 이 종의 어린 개체는 세력권에 정착하기 전에 부유 생활자로 분산하기 때문에 그 비번식 개체가 번식 쌍과 혈연관계에 있을 가능성은 희박하다. 그래서 아네모네피시의 도우미는 난쟁이몽구스 도우미처럼 번식 개체의 한쪽이 죽었을 때 그 번식 지위를 이어받을 기회가 있다. 도움을 주는 것도 그 세력권 내에 머물 수 있는 허가를 얻기 위한 대가이다.

쇠얼룩물총새도 혈연관계가 없는 도우미를 둔다. 쇠얼룩물총새는 연중 세력권 내에서 사는 것이 아니라, 번식기에만 세력권을 만들어

©wikimedia

그림 4-25. 비혈연자 도우미를 두는 쇠얼룩물총새

집단으로 둥지를 짓는다. 둥지는 제방에 구멍을 파서 만들며, 둥지를 틀 만한 여분의 장소는 많이 있다. 둥지에서 포란하는 암컷은 뱀, 도마뱀, 몽구스의 습격을 받아 많이 죽는다. 그래서 개체군 내에서 암컷의 개체 수는 수컷의 절반에 불과하다. 쇠얼룩물총새의 번식 쌍은 자신들을 돕는 대가로 다른 개체들이 무리에 머무는 것을 허가한다. 각 번식 쌍들은 자신에게 확실하게 유리할 때만 혈연관계가 없는 도우미를 받아들인다.

케냐 남서부에 위치한 나이바샤호에서 번식하는 쇠얼룩물총새는 암수 외에 1마리의 도우미가 존재한다. 반면 케냐, 우간다, 탄자니아의 3개국에 둘러싸여 있는 빅토리아호에서 번식하는 쇠얼룩물총새는 암수 외에 2마리의 도우미가 존재한다. 나이바샤호의 도우미는 전년도에 태어난 수컷 새끼로 혈연관계가 있고, 빅토리아호의 도우미는 모두 혈연관계가 없는 수컷이다. 도우미는 다른 개체들과 함께 둥지에 침입하는 포식자를 방어하고 새끼에게 먹이를 가져다준다. 왜 나이바샤호에서는 도우미가 1마리 존재하고 빅토리아호에서는 2마리 존재할까?

그 이유는 새끼에 대한 급식 조건과 연관된다. 쇠얼룩물총새가 물고기를 잡는 조건은 나이바샤호가 빅토리아호보다 좋다. 아프리카 최대의 호수인 빅토리아호는 파도가 높기 때문에, 쇠얼룩물총새가 물고기를 잡는 데 시간이 오래 걸리고 둥지와 채식지와의 거리도 나이바샤호보다 멀리 떨어져 있다. 물고기의 크기도 빅토리아호가 나이바샤호보다 작다. 그래서 빅토리아호에서는 번식 쌍과 도우미 2마리가 함께 먹이를 운반해야 새끼를 키울 수 있다. 한편 나이바샤호에서는 번식 쌍과 도우미 1마리로도 새끼를 잘 성장시킬 수 있고, 2마리가 있더라도 번식 쌍의 번식 성공도에 큰 영향을 주지 않는다. 나이바샤호의 도우미는 태어난 장소에 머물러 자신이 배우자를 얻어 번식을 시작할 때까지 남동생이나 여동생을 키우는 것에 의해 유전적인 이익을 얻는다. 빅토리아호의 도우미들도 이듬해에 절반 이상이 다시 그곳으로 돌아와 전년도에 도왔던 번식 쌍을 돕는다. 도우미들은 암컷과 불의의 밀통을 하거나 본래의 수컷이 죽었을 때는 암컷을 이어받는다. 이 두 호수에서 생활하는 쇠얼룩물총새의 도우미는 암컷의 부족과 생태적 요인에 의해 나타난 것이다.

번식기가 되면 암컷은 둥지를 틀고 알을 낳아 품으며, 부화하면 새끼에게 먹이를 공급하며 키워 낸다. 그러나 숲새, 오목눈이, 물까치는 자신이 직접 번식하여 새끼를 키우지 않고 혈연자의 번식을 돕는 개체(도우미)가 존재하는 것으로 알려져 있다. 이렇게 자기 자신을 희생하여 다른 개체에게 이익을 주는 행동을 이타행동*이라고 한다. 도우미는 당해의 첫 번째 번식에서 태어난 새끼가 두 번째 번식을 하는 어미를 도와 둥지를 짓거나 새끼에게 먹이를 공급하는 경우가 많다. 도우미는 번식 쌍을 도와서 자신의 번식 기회를 증가시키거나 자신의 번식 성공도를 높이기 위하여 학습하는 것이라고 알려져 있다. 일단 도우미가 있는 둥지는 도우미가 없는 둥지보다 번식 성공도가 높아진다. 그래서 개체는 자신이 직접 새끼를 키우지 않고 어미, 형제자매, 조카 등의 혈연자를 도움으로써 자신의 유전자를 얻을 수 있다. 다시 말하면 개체는 자신의 새끼뿐만 아니라 혈연자가 잘 번식(성장)을 하면 자신의 유전자가 증가되는 것이다.

둥지에서 내쫓기는 새끼들

무리 내에서 개체 간의 서열이 있는 종이 많다. 어떤 종의 경우에는 1위의 개체가 다른 모든 개체를 쫓아내고, 2위의 개체는 1위를 제외한 나머지 개체를 쫓아내고, 최하위의 개체는 상위의 개체에게 절대 도전하지 못하는 수직적 상하 관계를 가진다. 그리고 최상위의 개체만 서열이 확실하고 하위 개체들은 서열이 거의 동등한 경우가 많다.

겨울철에 모이통을 설치해 그곳에 찾아오는 새에 대해서 승패표를 만들어 서열을 알아볼 수 있다. 먹이에 여러 종이 관심을 보일 때는 종간의 서열도 알아볼 수 있고 최상위 개체도 분명하게 드러난다. 하위 개체들끼리는 서로 쫓는 상황이 발생하기 때문에 서열을 매기

그림 4-26. 모이통에 모여든 박새와 참새

기 어려운 경우도 있지만 장시간 조사하면 무리 내의 서열을 알 수 있다.

이러한 서열 결정 행동은 먹이 장소뿐만 아니라 교미 행동에서도 그대로 나타난다. 난혼제인 종에서 암컷이 서로 다른 날짜에 가임 시기가 오면, 많은 수컷들은 암컷의 주위에 모여 서열이 높은 순서대로 교미를 한다. 일반적으로 수컷이 암컷보다, 연령이 높은 개체가 낮은 개체보다 서열이 높은 경향이 있다. 이처럼 서열이 높은 개체는 무리 내에서 첫 번째로 먹이를 먹거나 우선적으로 암컷과 교미를 하는 이익을 얻는다.

큰부리뻐꾸기는 일부일처의 1~4쌍이 모여 하나의 무리 세력권 내에서 생활하며 수 마리의 암컷이 한 개의 둥지를 공유공동 영소하는데, 암컷 간에 서열과 이익에 대한 대립이 나타난다. 이 무리 내의 모든 암컷은 한 개의 둥지 내에 알을 수 개씩 낳고, 무리의 구성원 모두가 부모로 행동한다.

공동 둥지에는 알이 너무 많기 때문에 암컷들은 자신의 알을 무사히 부화시키려고 경쟁을 한다. 경쟁 방법은 암컷이 서로 남의 알을 둥지 밖으로 떨어뜨리는 것이다. 그래서 포란이 시작되려고 할 때 둥지 아래에는 깨진 알들이 흩어져 있다.

큰부리뻐꾸기 암컷은 자신의 알을 식별할 수 없다. 그래서 각 암컷

그림 4-27. 큰부리뻐꾸기

은 자신의 알도 떨어뜨릴 우려가 있기 때문에 산란할 때 둥지 내의 알을 밖으로 떨어뜨린다. 포란이 시작되는 시점에서 둥지 내에는 서열이 높은 암컷의 알은 거의 제거되지 않고 서열이 낮은 암컷의 알만 대부분 제거된다. 왜냐하면 가장 서열이 높은 암컷은 가장 나중에 알을 낳고 포란을 시작하기 때문에 다른 암컷들은 가장 서열이 높은 암컷의 알을 제거하지 못한다.

서열이 낮은 암컷들은 자기 알의 생존 기회를 증가시키기 위하여 몇 가지 전략을 채택한다. 즉, 서열이 높은 암컷보다 많은 알을 낳는다든가, 산란 간격을 2~3일로 한다든가, 종종 포란 개시 후에 추가 산란을 하는 것이다. 그리고 서열이 높은 암컷보다 더 일찍이 포란을 개시하려고 한다. 왜냐하면 서열이 높은 암컷이 늦게 산란하여 늦게 부화하는 점을 노리고 자신이 부화한 새끼들이 먹이 쟁탈전에서 우위를 점하게 하기 위해서이다.

큰부리뻐꾸기 암컷이 알이나 새끼를 돕는 정도에도 불균형이 나타난다. 무리 내에서 서열이 높은 개체는 서열이 낮은 개체보다 많은 이익을 얻는다. 놀랍게도 둥지 내에서 가장 이익이 클 것으로 생각되는 서열이 높은 암컷이 가장 적게 일을 한다. 이러한 불균형이 어떻게 생겨났는지는 아직 밝혀지지 않았지만, 만일 서열이 낮은 암컷은 그 둥지에 자신의 새끼가 전혀 없다면 새끼를 돕지 않을 것이다.

그렇다면 왜 낮은 서열에 있는 개체는 그 무리 내에 남아 있을까?

큰부리뻐꾸기가 공동 둥지를 이용하는 생태적인 요인은 포식압이다. 풀이 무성한 습지에서 포란하는 큰부리뻐꾸기는 야간에 종종 포식을 당한다. 서열이 낮은 개체가 무리를 떠나 단독으로 번식할 경우에는 포식을 당할 가능성이 높다. 그렇지 않으면 서열이 낮은 개체는 무리를 떠나 단독 쌍으로 번식할 것이다. 서열이 낮은 개체가 무리 내에 남아 있는 것은 서열이 낮은 개체가 서열이 높은 개체와의 경쟁에서 패하여 번식에서 손해를 보더라도 포식을 피하는 방어적인 측면에서 유리하게 작용하기 때문이다. 그리고 무리 내의 개체는 서로 몫을 할당하여 번식하는 것이 생존율을 높일 수 있다.

황로는 평균 4.3개의 알을 이틀 이상의 간격으로 하나씩 산란한다. 첫 번째 알을 낳자마자 포란에 들어가며 둥지 내의 알이 전부 부화하는 데 평균 6.3일이 걸린다. 매일 한 개의 알을 낳고 산란이 끝난 후 포란을 시작하는 종들과 다르다. 따라서 황로 새끼 간에는 부화 시기의 차이가 있고 부모가 새끼에게 먹이를 공급하는 행동에도 차이가 나타난다. 이러한 결과, 더 일찍 부화한 형누이이 먹이를 우선적으로 받아먹거나 형이 동생의 먹이까지 빼앗아 먹는 경우가 많다.

새끼가 커 가면서 이러한 현상은 두드러지며 형제간의 투쟁도 정도가 심해진다. 처음에는 부리를 부딪치는 정도로 충돌하지만, 20일 정도 지나면 형이 동생의 몸을 쪼아서 둥지 구석으로 몰아붙이거나 위에서 짓누르며, 심지어는 둥지에서 떨어뜨리기도 한다. 관찰해 본 결과, 이러한 상황은 잦게는 하루에 30회나 일어나고 전체 35개 둥지 가운데 두 곳에서 제일 나중에 부화한 새끼가 죽임을 당했다. 이런 일은 미국의 황로에서도 관찰되었다. 미국 황로의 형제 살해가 비동시성 부화와 관련이 있을 것으로 예상하고, 산란일이 확인된 알을 둥지 간에 교환해서 동시성 부화가 이루어지도록 실험해 본 결과 동시에 먼저 부화한 새끼들은 모두 잘 성장했다.

이와 같은 형제 살해는 일본의 대형 육식성 조류인 검독수리에서도 관찰되었다. 일본에서 이루어진 연구에 의하면, 검독수리의 형제 살해는 어미의 먹이 공급이 곤란한 상황에 기인한다고 한다. 이를 개체군 조절그룹 선택이라는 의미로 생각할지 모르지만, 이는 단지 결과에 불과하지 진화의 원인은 아니라는 해석이 지지를 받고 있다. 황로의 경우처럼 시간 차를 두고 부화한 새끼의 부화 차례에 따른 몸집 차이는 어미의 먹이 공급량이 적을 때 더 두드러지며 충분할 때는 적게 나타나고 있다. 즉, 시간 차를 두고 부화하는 비동시성 부화는 어미가 새끼에 대한 먹이 공급량의 적고 많음을 예상한 기능으로, 먹이 공급이 충분할 때는 모든 새끼들이 생존하고 부족할 때는 먼저 태어난 새끼가 살아남는 이들 종만의 번식 전략, 즉 둥지 내 새끼들의 전멸을 방지하려는 전략이다.

번식과 생존을 위한 새들의 행동은 끊임없이 변화하는 환경기후, 서식지, 먹이, 포식자 등과 종 내 또는 종간의 경쟁 및 협력이 무질서하게 맞물리

ⓒ김창희

그림 4-28. 포란 중인 황로

는 가운데 다양하게 적응하고 진화해 왔다. 새들의 행동은 단지 눈에 보이는 현상으로만 해석하려 해서는 안 된다. 또한 우리는 사람 종으로서 동물들의 행동에 대해 옳고 그름의 판단을 함부로 해서도 안 된다. 그렇기에 새를 이해하는 과정은 매우 복잡다단하고 여전히 새들의 수많은 행동이 불가사의한 수수께끼로 남아 있다.

맺는말

행동생태학* 창시자 중의 한 사람인 니코 틴버겐Niko Tinbergen은 동물이 어떤 행동을 하는 것에 대해 "왜"라는 질문이 나왔을 때, 생존가生存價; survival value 또는 기능, 직접적인 원인, 행동 발달 또는 발생, 계통 또는 진화 역사의 4가지 방법으로 대답할 수 있다고 강조했다. 생존가 또는 기능은 그 행동이 생존과 번식에 어떻게 유리하게 작용하고 있는지에 관련된 대답이고, 직접적인 원인은 그 행동이 일어나는 구체적인 구조나 기작메커니즘에 관련된 대답이고, 행동 발달 또는 발생은 개체의 생애에서 그 행동이 어떻게 획득되었는지에 관련된 대답이고, 계통 또는 진화 역사는 그 행동이 진화하면서 역사적으로 넓혀진 과정에 관련된 대답이다. 이 책에서 주로 다룬 것처럼 행동생태학은 주로 생존가 또는 기능에 관한 물음과 대답으로 동물의 행동을 규명하려는 노력이 많다.

어떤 동물도 다른 생물을 먹지 않고 살아갈 수 없다. 한편으로 그들 대부분은 다른 생물에게 먹힐 수 있는 위험에 노출되어 있다. 그래서 동물이 먹이를 먹을 때 가장 효율적으로 먹이를 섭식하는 방법인 최적 먹이 선택이나 최적 먹이 장소 이용에 관한 연구도 많이 이루어지고 있다.

또한 포식자에 대한 방어 행동도 많은 종에서 다양하게 알려져 있다. 일반적으로 포식자가 자신을 발견 가능한 거리까지 접근하면 다른 개체나 다른 종에게 경계 신호를 보내고, 포식자가 자신을 발견하면 움직이지 않고 가만히 있거나 숨거나 또는 자신이 잡히지 않도록 포식자를 혼란시키는 체색이나 움직임을 나타내고, 자신을 먹이로 인식하면 다른 것으로 가장 또는 의태하거나 경고색을 나타내고, 포식자가 접근하여 공격하면 도망치거나 숨거나 죽은 척하거나 위협하고, 잡혔을 때는 물리적 방어나 화학적 방어를 하거나 몸의 일부를 잘라 버리고 달아난다. 그리고 잡혀서 포식자의 입속에 들어가면 소화기를 안전하게 통과하거나 구토를 시키거나 죽게 한다.

이렇게 어떤 개체가 세상에 태어나 살기 위해 먹고 포식자를 피하고 '어찌 됐든 살고 보자'라는 본능적인 행동으로 살아남았다면, 자신의 생존가를 높이기 위해서 행동해야 하는 것은 당연한 일이다.

동물은 미래 세대에 가장 많은 자식 또는 유전자를 남기려는 방향으로 행동한다. 이 행동은 개체의 이익을 위한 것이지 종이나 그룹의 이익을 위한 것이 아니라고 생각한다. 암수의 이해관계 대립도 협력하는 방향으로 해결되기보다는 어느 한쪽 성에 의한 다른 한쪽 성의 착취라는 형태로 결말이 나는 경우도 많다. 또한 수컷은 다른 교미 상대를 찾기 위해 처자를 유기하고 암컷은 미래의 이익을 담보로 기혼 상태에 있는 수컷과 교미도 마다하지 않는다. 지금까지 서술한 내용은 자명하고 단순하게 보일지도 모르지만, 실제로는 의외의 대답이 나올 수도 있다. 연구자가 새로운 발견에 흥분하고, 의외의 대답에 매력을 느끼는 이유이다.

현재 전 세계적으로 많은 연구자들이 행동생태학에 관련된 연구를 수행하고 있음에서 불구하고, 연구에 의해 밝혀지는 것은 극히 일부에 불과하다. 국내에도 동물을 연구하는 사람은 크게 증가했지만, 야외에서 행동을 연구하는 사람은 그다지 많지 않다. 그러나 국내의 많은 사람들이 이 책을 읽고 다양한 동물이 살아가는 모습에 흥분하고 매력을 느끼면서, 개체 수준에서 진화, 유전, 생리, 심리 등을 배우는 행동생태학의 학문 분야를 공유했으면 좋겠다.

ⓒ김창희

각인 imprinting
갓 태어난 오리새끼 또는 병아리들이 처음 본 대상을 어미처럼 졸졸 따라다니는 현상을 말하며, 태어난 직후의 한정된 기간에만 나타나고 어느 정도 기간이 지나면 나타나지 않는다.

경고색 warning coloration
눈에 띄는 색채나 모양을 지닌 동물의 모습으로, 자신이 독성을 지니고 있거나 맛이 없는 동물이라는 것을 적에게 광고(또는 거짓 광고)하여 잡아먹히지 않으려는데 목적이 있다.

교미 copulation
짝짓기의 일부 과정으로 암수가 생식기를 직접 맞춰서 번식행위를 하는 것

구애 선물 nuptial gift(food)
수컷이 구애나 교미 중에 암컷에게 전달하는 나뭇가지같이 먹을 수 없는 물체나 물고기 또는 정액덩어리같이 먹을 수 있는 먹이를 말한다.

귀소 본능 homing instinct
자신의 태어나거나 서식하던 장소 또는 새끼를 키우거나 키운 장소에서 떨어져 있는 경우, 다시 그곳으로 되돌아오는 성질로 귀소성 또는 회귀성이라고도 한다.

난혼제 promiscuity
부부 관계가 형성되지 않고 암컷과 수컷이 임의로 다른 성을 만나서 교미를 하는 형태로 유전적 다양성이 보장될 수 있기 때문에 이상적인 혼인 제도라고도 한다.

노랫소리 song
일정한 형태로 되풀이 되는 하나 혹은 그 이상의 소리로 세력권을 나타내는 과시행동을 말한다.

동물사회학 animal sociology
동물의 종내 또는 종간 개체 간의 사회 구조와 기능을 탐구하는 학문으로, 좁은 의미에서 동물행동학이라고도 한다.

동물행동학 ethology
동물행동의 특성, 의미, 진화를 비교하고 연구하는 생물학의 한 분야

레크 lek
수컷들이 모여 구애 행동을 하거나 좋은 위치를 점하거나 경쟁하는 공동 구애 장소로 암컷들이 단지 이상적인 수컷과 교미만을 하기 위해 방문한다.

명금류 songbird
참새과에 속하는 종으로 노래하는 조류의 총칭

보충 산란 extra eggs
사육하의 새에서 산란한 알을 제거하면 다시 추가로 산란하는 것

보호색 protective coloration(cryptic coloration)
동물의 색깔이 주위 환경이나 배경의 빛깔을 닮아서 다른 동물에게 발견되기 어려운 색깔을 말하며 은폐색이라고도 한다.

분산 dispersion(biological dispersion)
출생지로부터 개체가 이동함을 뜻하며, 생물학적 분산은 출발, 이동, 정착단계로 이어진다.

섭금류 shorebirds
다리, 목, 부리가 비교적 길고, 강가나 바닷가 등의 얕은 물에서 물고기나 수서곤충 등을 잡아먹는 새의 총칭

성선택 sex selection
단지 교미성공률을 증가시키기 위해서 작동하는 형질 선택을 말하며, 주로 수컷 간의 경쟁에서 능력에서 유리하게 하려는 선택과 이성을 유인하는 능력을 높이려는 선택이 있다.

세력권 territory
동물의 개체(또는 집단)가 같은 종의 다른 개체(또는 다른 집단)로부터 먹이터나 번식지를 공격과 방어 행동으로 점유한 지역으로 텃세권이라고도 한다.

스와핑 swapping
두 쌍 이상의 부부가 배우자를 바꿔가며 교미를 하는 것

알이빨(난치) egg tooth
부화 중에 알의 표면을 깨기 위해서 새끼가 사용하는 작고 예리한 두개골의 돌출부

울음소리 call(vocalization)
발신과 그에 대한 반응의 형태로 이루어지는 소리

육추 brooding
조류의 어미가 알에서 부화된 새끼를 돌보며 기르는 것

이주에 적용되는 생리 기작 physiological mechanism associated with migration
낮과 밤의 길이 변화나 온도의 변화에 따른 생리적인 호르몬 분비의 연주기 리듬 변화

이타행동 altruism
다른 개체나 집단에게 이익을 주려는 의도만 있고, 당사자에게는 아무런 이익도 주지 않는 행위를 말하며, 자신이 희생하면서 다른 개체를 돕는 것을 말한다.

자연선택 natural selection
주어진 환경에서 번식하지 못하는 개체들은 자연스럽게 도태되고, 생존과 번식에 유리한 성질을 가진 개체들이 후대를 이어간다는 의미

종간 경쟁 interspecific competition
다른 종에 속한 개체 사이에서 일어나는 경쟁으로 주로 먹이나 공간을 필요로 하는 경우에 나타난다.

종내경쟁 intraspecific competition
동일한 종의 개체 사이에서 일어나는 경쟁으로 종 안에서의 생존경쟁이라고도 하며, 주로 세력권, 먹이, 배우자 등을 필요로 하는 경우에 나타난다.

집단 번식 colonial breeding
동일한 종의 여러 개체들이 모여서 번식을 하는 것

짝짓기 mating
체내수정을 하는 동물이 번식행동을 할 때 암컷과 수컷이 짝을 이루거나 교미를 하는 행위

채식지(또는 채이장) feeding area
먹이, 물 등을 먹는 장소나 제공되는 장소

총배설강 cloaca
배설 기관과 생식 기관을 겸하고 있는 구멍으로 조류, 양서류, 파충류 등의 단공류(單孔類)에서 나타난다.

최적자(최적자생존 또는 적자생존) survival of the fittest
종내 어떤 개체의 유전형질이 환경에 가장 적합하면 그의 자손은 증가될 확률이 높기 때문에, 현재 생존하고 있는 종은 환경에 적응하여 자손을 증가시킨 최적자의 자손이라고 할 수 있다.

탁란 nest parasitism
어떤 새가 다른 종류의 새의 집에 알을 낳아 대신 품어 기르도록 하는 일

패치 patchy
고르지 못하게 드문드문 모자이크식으로 모여 있는 상태

포괄 적응도 inclusive fitness
A라는 개체의 유전자 복제물에, B라는 개체가 어느 정도 기여하는가를 나타내는 양적인 수치(혈연도)로, 자신의 번식이나 근연자의 번식에 의해서도 증가된다.

포란 incubation
부화하기 위하여 새가 알을 품어 따뜻하게 하는 일(=알품기)

포란반 incubation patch(brood patch)
포란 중 새의 복부에 나타나며 털이 없고 혈관이 많이 모인 부분으로 알에 직접 접촉하여 따뜻하게 하는 데 도움이 된다.

포식압 predation pressure
개체 수에 대한 포식의 효과로 포식자에게 잡아먹혀 개체 수가 감소하는 것

한배산란수 clutch size
한 둥지에 한 쌍이 낳은 알의 개수

행동생태학 behavioral ecology
동물의 생존이나 번식을 생태와 연관하여 연구하는 학문으로 동물이 왜 그러한 행동을 하는지에 대한 답을 생존가의 측면에서 찾으려고 한다.

혈연도 coefficient(degree) of relationship
두 개체 간의 관계를 측정하는 계수로, 두 개체가 공유하는 공통 조상의(동조적인) 유전자 비율

희석효과 dilution effect
여러 마리가 조밀하게 모이거나 여러 쌍이 모여서 번식하면, 혼자 있거나 한 쌍이 번식할 때보다 자신 또는 새끼가 포식자에게 잡아먹힐 가능성이 낮아진다.

Alatalo, R. V., Lundberg, A. & Ratti, O. 1990. Male polyterritoriality, and imperfect female choice in the Pied Flycatcher *Ficedula hypoleuca*. Behav. Ecol. 1: 171-177.

Andersson, M. & Wicklund, D. G. 1978. Clumping versus spacing out: experiments on nest predation in Fiedfares(*Turdus pilaris*). Anim. Behav. 26: 1207-1212.

Andersson, M. 1982. Female choice selects for extreme tail length in a Widowbird. Nature 299: 818-820.

Andersson, M. 1994. Sexual selection. Princeton University Press, New Jersey.

Baba, R., Nagata, Y. & Yamagishi, S. 1990. 1990. Brood parasitism and egg robbing among three freshwater fish. Anim. Behav. 40: 776-778.

Barnard, C. J. & Thompson, D. B. A. 1985. Gulls and Plovers: the ecology and behaviours of mixed-species feeding groups. Croom Helm, London & Sydney.

Bateman, A. J. 1948. Intra-sexual selection in *Drosophila*. Heredity 2: 349-368.

Bateson, P. 1983. Mate choice. Cambridge University Press, London.

Birkhead, T. R. & M ø ller, A. P. 1992. Sperm competition in birds: evolutionary causes and consequences. Academic Press Limited, London.

Birkhead, T. R. 1977. The effect of habitat and density on breeding success in common Guillemots *Uria aalge*. J. Anim. Ecol. 46: 751-764.

Birkhead, T. R. 1987. Sperm competition in birds. Trends. Ecol. Evol. 2: 268-272.

Brooke, M. de L. 1978. Some factors affecting the laying date, incubation and breeding success of the Manx Shearwater *Puffinus puffinus*. J. Anima. Ecol. 47: 477-495.

Caraco, T., Martindale, S. & Pulliam, H. R. 1980. Flocking: advantages and disadvantages. Nature 285: 400-401.

Catchpole, C. K., Dittami, J. & Leisler, B. 1984. Differential responses to male song repertories in female songbirds implanted with oestradiol. Nature 312: 563-564.

Choudhury, C. 1995. Divorce in birds: a review of the hypotheses. Anim. Behav. 50: Pages 413-429.

Collias, N. E. & Collias, E. C. 1984. Nest building and bird behavior. Princeton University Press, New Jersey.

Coulson, J. C. 1966. The influence of the pairbond and age on the breeding biology

of the Kittiwake Gull *Rissa tridactyla* . J. Anim. Ecol. 35: 269-279.
Cronin, E. W. Jr & Sherman, P. W. 1976. A resource based mating system the Orange-rumped Honeyguide. Living Bird 15: 5-32.
Davies, N. B. & Brooke, M. de L. 1988. Cuckoos versus Reed Warblers: adaptations and counter-adaptations. Anim. Behav. 36: 264-284.
Davies, N. B. & Brooke, M. de L. 1991. Co-evolution of the Cuckoo and its hosts. Sci. Am. 264: 92-98.
Davies, N. B. & Huston, A. I. 1981. Owners and satellites: the economics of territory defences in the Pied Wagtail, *Motacilla alba*. J. Anim. Ecol. 50: 157-180.
Davies, N. B. 1992. Dunnock behaviour and social evolution. Oxford University Press, Oxford.
Dawkins, R. & Krebs, J. R. 1979. Arms races between and within species. Proc. R. Soc. Lond. B. 205: 489-511.
Dawkins, R. 1976. The selfish gene. Oxford University Press, Oxford.
De Groot, P. 1980. Information transfer in a socially roosting Weaver Bird(*Quelea quelea*: Ploceinae): an within species. Proc. R. Soc. Lond. B 205: 1249-1254.
Dyrcz, A. & Nagata, H. 2002. Breeding ecology of the Eastern Great Reed Warbler *Acrocephalus arundinaceus orientalis* at Lake Kasumigaura, central Japan. Bird Study 49: 166 – 171.
Elner, R. W. & Hughes, R. N. 1978. Energy maximization in the diet of the Crab, *Carcinus maenas*. J. Anim. Ecol. 47: 103-116.
Endo, S. 2014. The function of feeding by males to females in birds. Jap. J. Ornithol. 63: 267-277.
Ezaki Y. & Urano, A. 1995. Intraspecific comparison of ecology and mating system of the Great Reed Warbler *Acrocephalus arundinaceus*. Jap. J. of Ornithol. 44: 107-122.
Fisher R. A. 1958. The genetical theory of natural selection(2nd ed.). Clarendon Press, Oxford.
Foster, W. A. & Treherne, J. E. 1981. Evidence for the dilution effect in the selfish herd from fish predation on a marine insect. Nature 295: 466-467.
Fricke, H. W. 1979. Mating system, resource defence and sex change in the Anemonefish, *Amphiprion akallopisos*. Z. Tierpsychol. 50: 313-326.
Fujioka, M. 1985. Feeding behaviour, sibling competition and siblicide in asynchronously hatching broods of the Cattle Egret *Bubulcus ibis*. Anim. Behav. 33: 1228-1242.
Goss-Custard, J. D. 1976. Variation in the dispersion of Redshank(*Tringa totanus*) on their winter feeding grounds. Ibis: 257-263.

Gross, M. R. & Shine, R. 1981. Parental care and mode of fertilization in ectothermic vertebrates. Evolution 35: 775-793.

Hamilton, W. D. 1964. The genetical evolution of social behaviour. J. Theor. Biol. 7: 1-52.

Högstedt, G. 1980. Evolution of clutch size in birds: adaptive variation in relation to territory quality. Science 210: 1148-1150.

Scharf, I & Ovadia, O. 2006. Factors influencing site abandonment and site selection in a sit-and-wait predator: a review of pit-building Antlion larvae. J. Insect Behav. 19: 197-218.

Julian S. & Huxley, B. A. 1914. The Courtship-habits of the Great Crested Grebe(*Podiceps cristatus*); with an addition to the theory of sexual selection. J. Zoo. 84: 491-562.

Kacelnik, A. 1984. Central place foraging in Starlings(*Sturnus vulgaris*): I. patch residence time. J. Anim. Ecol. 53: 283-299.

Kenward, R. E. 1978. Hawks and Doves: factors affecting success and selection in Goshawk attacks in Wood-pigeons. J. Anim. Ecol. 47: 449-460.

Kim, C. H. 1995. Social organization of the Crow Tit *Paradoxornis webbiana*. Doctoral thesis. Osaka City University, Osaka.

Kim, C. H. & Yamagishi, S. 1999. Nestling Crow-Tits *paradoxornis webbianus* ejected from their nest by Common Cuckoo *Cuculus canorus*. The Raffles Bulletin of Zoolgy 47: 295-297.

Kim, C. H., Yamaghishi, S. & Won, P. O. 1992. Social organization of the Crow Tit *Paradoxornis webbiana* during the non-breeding season. Jap. J. Ornithol. 40: 93-107.

Kim, C. H., Yamagishi, S. & Won, P. O. 1995. Egg-color dimorphism and breeding success of the Crow Tit(*Paradoxornis webbiana*). Auk 112: 831-839.

Komada, S. 1983. Nest attendance of parent birds in the Painted Snipe(*Rostratula Benghalensis*). Auk 100: 48-55.

Krebes, J. R. 1971. Territory and breeding density in the Great Tit, *Parus major* L. Ecology 52: 2-22.

Kruuk, H. 1964. Predators and anti-predator behaviour of the Black headed Gull, *Larus ridibundus*. Behaviour Suppl. 11: 1-129.

Lack, D. 1968. Ecological adaptation for breeding in birds. Methuen, London.

Lifjeld, J. T., Dunn, P. O. & Westneat, D. F. 1994. Sexual selection by sperm competition in birds: male-male competition or female choice? J. Avian Biology 25: 244-250.

Lightbody, J. P. & Weatherhead, P. J. 1988. Female setting patterns and polygyny: test

of a neutral mate-choice hypothesis. Amer. Natur. 132: 20-30.
Lutton-Brock, T. H. 1991. The evolution of parental care. Princeton University Press, New Jersey.
Morton, E. S. 1975. Ecological sources of selection on avian sounds. Amer. Natur. 109: 17-34.
Nakamura, M. 1990. Cloacal protuberance and copulation behaviour of the Alpine Accentor(*Prunella collaris*). Auk 107: 284-295.
Newton, I. 1986. The Sparrowhawk. T & Poyser, Ltd., Staffordshire, England.
Nishiumi, I. 1998. Brood sex ratio is dependent on female mating status in polygynous Great Reed Warblers. Behav. Ecol. Sociobiol. 44: 9-14.
Orians, G. H. 1969. On the evolution of mating systems in birds and mammals. Amer. Natur. 103: 589-603.
Packer, C. & Pusey, A. E. 1983. Adaptations of female lions to infanticide by incoming males. Amer. Natur. 121: 716-728.
Perrins, C. M. 1965. Population fluctuations and clutch size in the Great Tit *Parus major*. L. Animal Ecol. 34: 601-647.
Pertrie, M. & Mø ller, A. P. 1991. Laying eggs in others' nests: intraspecific brood parasitism in birds. Trends. Ecol. Evol. 6: 315-320.
Pleszczynska, W. & Hansell, R. I. C. 1980. Polygyny and decision theory: testing of a model in Lark Buntings(*Calamospiza melanocorys*). Amer. Natur. 116: 821-830.
Raynolds, J. D. 1987. Mating system and nesting biology of the Red-necked Phalarope *Phalaropus lobatus*: what constrains polyandry? Ibis 129: 225-242.
Reyer, H. -U. 1980. Flexible helper structure as an ecological adaptation in the Pied Kingfisher, *Ceryle rudis rudis*. L. Behav. Ecol. Sociobiol. 6: 219-227.
Rood, J. P. 1978. Dwarf Mongoose helpers at the den. Z. Tierpsychol. 48: 277-287.
Sjöberg, K. 1988. Food selection, food-seeking patterns and hunting success of captive Goosanders *Mergus merganser* and Red-breasted Mergansers *M. serrator* in relation to the behaviour of their prey. Ibis 130: 79-93.
Thornhill, R. 1976. Sexual selection and nuptial feeding behaviour in *Bittacus apicalis*(Insecta: Mecoptera). Amer. Natur. 110: 529-548.
Tinbergen, N., Impekoven, M. & Franck, D. 1967. An experiment on spacing out as a defence against predators. Behaviour 28: 307-321.
Trivers, R. L. & Willard, C. F. 1973. Natural selection of parental ability to vary the sex ratio of offspring. Science 179: 90-92.
Trivers, R. L. 1972. Parental investment and sexual selection. In Campbell, B.(ed.). Sexual selection and the descent of man, pp. 139-179. Aldine, Chicago.
Trivers, R. L. 1985. Social evolution. Benjamin Cummings, Menlo Park, California.

Urano, E. 1985. Polygyny and the breeding success of the Great Reed Warbler *Acrocephalus arundinaceus*. Res. Popul. Ecol. 27: 393-412.

Vehrencamp, S. L. 1977. Relative fecundity and parental effort in communally nesting Anis *Crotophaga sulcirostris*. Science 197: 403-405.

Verner, J. 1964. Breeding biology of the Long-billed Marsh Wren. Condor 67: 6-30.

Ward, P. & Zahavi, A. 1973. The importance of certain assemblages of birds as "information centres" for food finding. Ibis 115: 517-534.

Wells, K. D. 1977. The social behaviour of anuran amphibians. Anim. Behav. 25: 666-693.

Westerdahl. H., Bensch, S., Hansson, B., Hasselquist, D. & Von Schantz T. 2003. Sex ratio variation among broods of Great Reed Warblers *Acrocephalus arundinaceus*. Molecular Ecology 6: 543-548.

Wiley, R. H. 1973. Territoriality and non-random mating in the Sage Grouse, *Centrocercus urophasianus*. Anim. Behav. Monogr. 6: 87-169.

Woolfenden, G. E. & Fitzpatrick, J. W. 1984. The Florida Scrub Jay. Princeton University Press, Princeton.

Wynne-Edwards, V. C. 1962. Animal dispersion in relation to social behaviour. Oliver & Boyd, Edinburgh.

Wynne-Edwards, V. C. 1986. Evolution through group selection. Blackwell Scientific Publications, Oxford.

Yamagishi S., Nishiumi, I. & Shimoda, C. 1992. Extrapair fertilization in monogamous Bull-headed Shrikes revealed by DNA fingerprinting. Auk 109: 711-721.

Yamawaki, Y. 1998. Responses to non-locomotive prey models by the praying mantis, *Tenodera angustipennis* Saussure. J. Ethology 16: 23 - 27.

Zahavi, A. 1975. Mate selection: a selection for a handicap. J. Thero. Biol. 53: 205-214.

Zahavi, A. 1977. The cost of honesty: further remarks on the handicap principle. J. Thero. Biol. 67: 603-605.

堀田昌信. 1991. 空中曲芸師の生活史: ヒメアマツバメ. [週刊朝日百科: 動物たちの地球(26). 野上毅 編輯]. 朝日新聞社, 東京. 今福道夫. 1991. 食物を探し, 仕留め, 食う. [動物たちの世界(2). 野上毅 編輯]. 朝日新聞社, 東京.

山岸哲. 1981. モズの嫁入り. 大日本図書株式会社, 東京.

西沢惇. 1976. 多妻がいる傾斜地: ミソサザイ. [羽田健二. (続)野鳥の生活. 編輯]. 築地書館, 東京.

西海功, 金昌會. 2000. 日本鳥類学会2000年度大会講演要旨集. 日本鳥類学会, 東京.

西海功. 2002. 鳥類学における分子手法の適用. [これからの鳥類学. 山岸哲, 樋口広芳 編輯]. 裳華房, 東京.

小林高志. 1985. ドングリを貯蔵するカケス. [羽田健二. (續續)野鳥の生活. 編輯]. 築地書館, 東京.
新海明, 新海栄一. 2002. ムツトゲイセキグモの生活史および投げ縄作成と餌捕獲行動. 日本蜘蛛学会 51: 149-154.
原田俊司, 山岸哲. 1992. オナガの協同繁殖. [動物社会における共同と攻擊. 伊藤嘉昭 編輯]. 東海大学出版会, 東京.
伊藤嘉昭. 2005. 新版動物の社会. 社會生物学 · 行動生態学入門. 東海大学出版会, 東京.
伊藤嘉昭. 2006. (新版)動物の社会: 社會生物学 行動生態学入門. 東海大学出版会, 東京.
長谷川博. 1991. 鳥の孵化: 早成性の雛と晩成性の雛. [週刊朝日百科: 動物たちの地球(28). 長塚進吉 編輯]. 朝日新聞社, 東京.
藤陵史. 1986. ムクドリにおける一夫二妻 あるいは一妻二夫. [生物の適応戦略と社会構造: 鳥類の繁植戦略(上). 山岸哲 編輯]. 文部省, 東京.
中村登流. 1972. 森のひびき: わたしと小鳥の対話. 図書株式会社, 東京.
樋口広芳. 1997.カッコウ目. [日本動物大百科: 鳥類(Ⅱ)]. 平凡社, 東京.
국립생물자원관. 2018. 2017국가생물종목록. 국립생물자원관, 인천.
권기정, 이두표, 김창회, 이한수. 2000. 조류학. [역서: Ornithology in Laboratory and Field(4th ed.) by Pettingill, Jr. O. S.]. 아카데미서적, 서울.
김창회. 1997. 찌르레기 *Sturnus cineraceus*의 둥지점령과 종내탁란. 한국조류학회지 4: 27-34.
김창회. 1999. 행동생태학. [역서: An Introduction to Behavioural Ecology(3th ed.) by Krebs, J. R. & Davies, N. B.]. 한국경제서적, 서울.
김창회, 김화정, 장병순, 이진원, 남기백, 이윤경. 2014. 행동생태학. [역서: An Introduction to Behavioural Ecology(4th ed.) by Davies, N. B., Krebs, J. R. & West, S. A.]. 자연과 생태, 서울.
김창회, 서재화, 김명진. 2013. 비오리(*Mergus merganser*)의 물고기 사냥에 기인한 백로과 조류의 용이한 물고기 포획. 복원생태학회지 3. 1-6.
우용태. 2009. 새 이름의 유래와 잘못된 이름 바로잡기. 경성대학교 조류관, 부산.
이우신, 구태회, 박진영. 2014. 야외원색도감 한국의 새. LG상록재단, 서울.
한국야조생명협회. 2012. 한국야조-532. 또또코리아, 경기도.

찾아보기

ㅅ